"十四五"职业教育国家规划教材

车削加工技术训练
（第2版）

主　编　陈海滨　郁　冬　李菲飞
副主编　巫海平
参　编　赵　莉　钮建平
主　审　朱仁盛　黄　俊

北京理工大学出版社
BEIJING INSTITUTE OF TECHNOLOGY PRESS

内容简介

本书依据职业学校专业教学标准，并参照人力资源和社会保障部颁布实施的《国家职业标准》，结合车削加工技术训练课程标准，针对职业学校的机械加工技术、数控技术应用等专业的学生，培养初、中级车工技能型人才的教学特点和培养目标编写而成。

全书教学内容共分为初、中级两大模块，由八个项目组成，主要内容包括安全文明操作规程，车削加工工艺的相关知识及车工基本操作技能，修磨刀具，正确使用和保养常用工量具，规范化操作车床加工工件并进行工件的精度检验及质量分析。

本书体现了职业教育"做中学、做中教"的教学理念，坚持产教融合，校企双元开发，重视实践和实训环节，降低理论重心，突出技能，努力培养德智体美劳全面发展的高素质劳动者和技术技能人才。

本书适合职业学校机械加工技术专业、数控技术应用专业及相关专业的教学、培训用书，也可作为机械工人的岗位培训教材或自学参考书。

版权专有　侵权必究

图书在版编目（CIP）数据

车削加工技术训练 / 陈海滨，郁冬，李菲飞主编
. -- 2版. -- 北京：北京理工大学出版社，2019.10（2024.1重印）
ISBN 978 - 7 - 5682 - 7745 - 7

Ⅰ.①车… Ⅱ.①陈… ②郁… ③李… Ⅲ.①车削-教材 Ⅳ.①TG51

中国版本图书馆 CIP 数据核字（2019）第 239584 号

责任编辑：张荣君　　**文案编辑：**张荣君
责任校对：周瑞红　　**责任印制：**边心超

出版发行 / 北京理工大学出版社有限责任公司
社　　址 / 北京市丰台区四合庄路6号
邮　　编 / 100070
电　　话 / （010）68914026（教材售后服务热线）
　　　　　　（010）68944437（教材资源服务热线）
网　　址 / http://www.bitpress.com.cn

版 印 次 / 2024年1月第2版第5次印刷
印　　刷 / 定州启航印刷有限公司
开　　本 / 787 mm × 1092 mm　1/16
印　　张 / 15.5
字　　数 / 354 千字
定　　价 / 43.00 元

图书出现印装质量问题，请拨打售后服务热线，负责调换

前言
FOREWORD

党的二十大报告提出:"统筹职业教育、高等教育、继续教育协同创新,推进职普融通、产教融合、科教融汇,优化职业教育类型定位。"同时根据《中国制造 2025》《国家职业教育改革实施方案》(简称"职教 20 条")和《关于推动现代职业教育高质量发展的意见》等文件要求,职业教育在办学模式上需要深化产教融合、校企合作,这要求校企双方从人才培养方案的制定、教学的过程实施和监督评价等全方位进行深入合作,教材开发是其中必不可少的一项内容。

本教材自 2016 出版以来,坚持为党育人、为国育才,符合职业教育对本课程的教学要求,已被众多职业学校采用为教材,经过三年的教学实践,教学反映良好。为了加快建设教育强国、科技强国、人才强国,深化产教融合、校企合作,推动校企"双元"合作开发教材,第一版教材需要做些修改。本次修订全面贯彻党的教育方针,落实立德树人根本任务,努力培养德智体美劳全面发展的高素质劳动者和技术技能人才。修订基本保持第一版的编写体系,在编者中增加了企业人员参与修订,并且邀请江苏省首席技师黄俊担任主审。

本教材在充分贯彻现代职教理念的基础上,紧扣最新职业学校车削加工技术训练课程标准的要求,同时充分调研当前职业学校学生的技能要求和学生现状,并掌握了大量当前职业学校教学存在的问题与不足的资料,为教材编写打下了坚实的基础,在教材中增加了"大国工匠"专题,更好地弘扬了劳动精神、奋斗精神、奉献精神、创造精神、勤俭节约精神,培育时代新风貌。

本教材从职业学校学生的认知能力出发,以学生能够运用基本知识和基本操作技能从事一线生产为中心。在教材的编写中突出科学性、实用性和通俗性原则;以学生能力目标为导向,坚持"必需、够用、实用",做到教材内容概念清晰、重点突出、图文并茂、准确规范;注重学生能力培养,联系生产实践。通过本教材的学习,学习者能够掌握车削生产的基本技能;能够培养读者在生产中分析和解决问题的能力。

FOREWORD

　　教学内容以项目任务形式组织，即按不同的项目，将课程划分成若干个相对独立又有一定联系的任务，每个任务都分任务目标、任务资讯、任务实施、任务评价和练习与提高等五个环节来完成，方便教师分步组织教学、检测评价，不仅针对技能操作方面，也关注学生的文明习惯、团结协作等综合素质的考核，以符合岗位职业要求，实现与企业的无缝接轨，通过任务的完成体现"在做中学、在做中教"的职业教学理念。

　　在教学内容选择上，依据职业学校专业教学标准，参照人力资源和社会保障部颁布实施的《国家职业标准》，结合车削加工技术训练课程标准，针对职业学校的机械加工技术、数控技术应用等专业的学生，培养初、中级车工技能型人才的教学特点和培养目标编写而成。

　　全书教学内容共分为初、中级两大模块，由八个项目组成，由浅入深地介绍了普通车床的基本操作与维护保养，轴类零件的加工与测量，套类零件的加工与测量，内外螺纹的加工与测量和成形面加工以及综合实训等内容。同时通过配套视频资源二维码的形式，增加了实际工程案例的内容，使得学生认识到加工制造技术在关键核心技术的突破和战略性新兴产业发展壮大起到的关键作用。

　　本教材模块一基础训练（初级）共计120学时，包含104个教学学时，16个机动学时；模块二拓展训练（中级）共计60学时，包含52个教学学时，8个机动学时。

　　本教材编写团队成员来自于江苏的多个职业学校和企业，充分体现了校校联合、校企合作开发的理念。本教材由江苏省海门中等专业学校陈海滨、江苏省靖江中等专业学校郁冬、江苏省海门中等专业学校李菲飞担任主编；无锡交通高等职业技术学校巫海平担任副主编；江苏省连云港中等专业学校赵莉，海门市晶盛真空设备有限公司技师钮建平参与编写。具体分工为：项

FOREWORD

目六、项目八由陈海滨、钮建平编写；项目二、项目七由郁冬编写；项目一、项目五由李菲飞编写；项目三由巫海平编写；项目四由赵莉编写。本书由泰州机电高等职业技术学院朱仁盛教授和靖江市恒大汽车部件制造有限公司技术能手、江苏省首席技师黄俊担任主审。在编写过程中还得到了全国知名课程专家葛金印教授的宝贵意见，在此对相关人员表示感谢。

本书既可作为职业学校机械加工技术专业、数控技术应用专业及相关专业的教学、培训用书，也可作为机械工人的岗位培训教材或自学参考书。

目录
CONTENTS

模块一 基础训练（初级）

项目一 认识车削加工 ········· **2**
- 任务一 认识车床 ········· 2
- 任务二 安全文明生产 ········· 17
- 任务三 认识车削运动 ········· 21
- 任务四 车刀准备 ········· 26

项目二 加工轴类零件 ········· **38**
- 任务一 认识轴类零件 ········· 38
- 任务二 轴类零件加工工艺分析 ········· 44
- 任务三 加工典型轴类零件 ········· 51
- 任务四 轴类零件质量检测 ········· 64

项目三 加工套类零件 ········· **71**
- 任务一 认识套类零件 ········· 71
- 任务二 套类零件加工工艺分析 ········· 76
- 任务三 加工典型套类零件 ········· 83
- 任务四 套类零件质量检测 ········· 97

项目四 加工圆锥类零件 ········· **105**
- 任务一 认识圆锥类零件 ········· 105
- 任务二 车削外圆锥体 ········· 109
- 任务三 车削内圆锥体 ········· 118
- 任务四 内外圆锥配合加工 ········· 122

项目五　加工三角螺纹 ··· **127**
　　任务一　认识三角螺纹 ·· 127
　　任务二　加工外三角螺纹 ·· 135
　　任务三　加工内三角螺纹 ·· 149

模块二　拓展训练（中级）

项目六　加工梯形螺纹 ··· **160**
　　任务一　加工典型梯形螺纹 ·· 160
　　任务二　加工多线螺纹 ·· 177
　　任务三　加工内梯形螺纹 ·· 190

项目七　加工成型面与滚花零件 ··· **202**
　　任务一　了解成型面的加工方法 ·· 202
　　任务二　滚花 ·· 208
　　任务三　加工球柄 ·· 213

项目八　加工典型零件 ··· **218**
　　任务一　加工球头圆锥轴 ·· 218
　　任务二　加工定套 ·· 224
　　任务三　加工梯形螺纹丝杠 ·· 230

参考文献 ··· **237**

模块一
基础训练（初级）

项目一

认识车削加工

机械制造业是国民经济基础产业,直接影响着各行各业的发展。机械制造业的发展又离不开大国工匠的培养。机械加工的方式与方法多种多样。其中,车削加工是指利用车床等设备对零件进行加工。在机械制造企业中,车床占机床总数的30%~50%,因此,车削加工是机械加工中使用较广泛的一种机床加工方法。

车削加工是利用工件的旋转运动与刀具的直线运动来改变毛坯形状和尺寸的一种主要金属切削方法。车削加工的范围较广,在车床上主要用于加工轴、盘、套和其他具有回转表面的工件。常见车床加工工件如图1-1所示。

▲图1-1 常见车床加工工件

任务一 认识车床

一、任务目标

1)了解普通车床的发展历程和规格型号。
2)熟悉普通车床的基本结构并掌握主要部件的功能。
3)对车床进行一级保养和日常维护。
4)掌握车床的基本操作方法。

二、任务资讯

(一)常见车床介绍

在普通金属切削加工中,车床是最常用的一种机床设备。在现阶段工厂企业生产中,CA6140型车床(图1-2)应用最为广泛。其中,CA6140表示车床身上最大工件回转直径为400 mm,其字母及数字的含义如下:

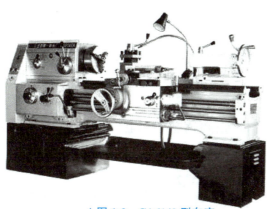

▲图1-2 CA6140型车床

(二)车床的基本结构

CA6140型卧式车床的基本结构(图1-3)主要包括主轴箱,交换齿轮箱,进给箱,溜板箱,刀架部分,尾座,床身,照明、冷却装置和床脚等。

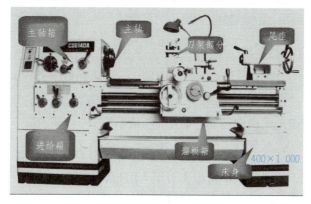

▲图1-3 CA6140型卧式车床

1. 主轴箱

主轴箱（主轴变速箱）用于支撑主轴，箱内有多组齿轮变速机构，如图1-4所示。箱外有手柄，变换手柄位置可使主轴得到多种转速。卡盘装在主轴上，卡盘装夹工件做旋转运动。

▲图1-4 主轴箱

2. 交换齿轮箱

交换齿轮箱（挂轮箱）接受主轴箱传递的转动，并传递给进给箱，如图1-5所示。更换箱内的交换齿轮，配合进给箱变速机构，可以车削各种导程的螺纹，并满足车削时纵向或横向不同进给量的需求。

3. 进给箱

进给箱（变速箱）是进给传动系统的变速机构，如图1-6所示。它把交换齿轮箱传递过来的运动，经过变速后传递给丝杠或光杠。

▲图1-5 交换齿轮箱　　　　　　　　　　▲图1-6 进给箱

4. 溜板箱

溜板箱接受光杠或丝杠传递的运动，操纵箱外手柄及按钮，通过快移机构驱动刀架部分以实现车刀的纵向运动或横向运动，如图1-7所示。

5. 刀架部分

刀架部分由床鞍、中滑板、小滑板和刀架等组成，如图1-8所示。刀架用于装夹车刀并带动车刀做纵向、横向运动及斜向、曲线运动，从而使车刀完成工件各种表面的车削。

项目一 认识车削加工

▲图 1-7 溜板箱

▲图 1-8 刀架部分

6. 尾座

尾座安装在床身导轨上，并沿此导轨纵向移动，主要用来安装后顶尖，以支顶较长工件，也可安装钻夹头来装夹中心钻或钻头等，如图 1-9 所示。

7. 床身

床身是车床的大型基础部件。它有两条精度很高的 V 形导轨和矩形导轨，主要用于支撑和连接车床的各个部件，并保证各部件在工作时有准确的相对位置，如图 1-10 所示。

▲图 1-9 尾座

▲图 1-10 床身

8. 照明、冷却装置

照明灯使用安全电压，为操作者提供充足的光线，保证操作环境明亮、清晰；切削液被冷却泵加压后，通过切削液管喷射到切削区域，如图 1-11 所示。

9. 床脚

床脚通过地脚螺栓和调整垫块使整台车床固定在工作场地上，并使床身调整到水平状态，如图 1-12 所示。

▲图 1-11 照明、冷却装置

▲图 1-12 床脚

5

(三)常用车床传动系统简介

为了完成车削工作,车床必须有主运动和进给运动的相互配合。

主运动通过电动机驱动带,把运动输入主轴箱,通过变速机构变速,使主轴得到各种不同的转速,再经卡盘(或夹具)带动工件旋转。

进给运动由主轴箱把旋转运动输出到挂轮箱,再通过进给箱变速后由丝杠或光杠驱动溜板箱、床鞍、滑板、刀架部分,从而控制车刀的运动轨迹,完成车削各种表面的工作。

CA6140 型车床的传动系统如图 1-13 所示。

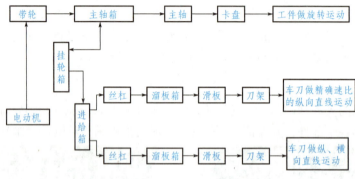

▲图 1-13　CA6140 型车床的传动系统

在加工工件之前,首先应熟悉车床手柄和手轮的位置及其用途,然后练习其基本操作。

1. 主轴箱手柄

(1)车床主轴变速手柄

车床主轴的变速通过改变主轴箱正面右侧两个叠套的长、短手柄的位置来控制。

外面的短手柄在圆周上有 6 个挡位,每个挡位都有由 4 种颜色标示的 4 级转速;里面的长手柄除有两个空挡外,还有由 4 种颜色标示的 4 个挡位,如图 1-14 所示。

(2)加大螺距及左、右螺纹变换手柄

加大螺距及左、右螺纹变换手柄位于主轴箱正面左侧,用于加大螺距及变换螺纹左、右旋向。它有 4 个挡位,即左旋正常螺距(或导程)、左旋扩大螺距(或导程)、右旋扩大螺距(或导程)及右旋正常螺距(或导程),如图 1-15 所示。纵向、横向进给车削时,一般放于右上挡位。

▲图 1-14　主轴变速手柄

2. 进给箱手柄

如图 1-16 所示,进给箱手柄位于车床进给箱正面左侧,有 1~8 共 8 个不同的挡位。右侧有里外叠装的两个手柄,外手柄有 A、B、C、D 共 4 个挡位,是丝杠、光杠变换手柄;里手柄有 Ⅰ、Ⅱ、Ⅲ、Ⅳ 共 4 个挡位。应先根据加工要求确定进给量及螺距,再根据进给箱油池盖上的螺纹和进给量调配表,扳动手轮和手柄,使其到达正确位置。

▲图1-15 加大螺距及左、右螺纹变换手柄

▲图1-16 进给箱手柄

当里手柄处于 V 挡时(正上方),交换齿轮箱的运动不经进给箱变速,而与丝杠直接相连。

3. 刻度盘

床鞍、中滑板和小滑板的移动依靠手轮和手柄来实现,移动的距离依靠刻度盘来控制,见表1-1。

▼表1-1 车床刻度盘的使用

刻度盘	移动方向	操作方式	整圈格数	车刀移动距离/(mm/格)
床鞍刻度盘手轮	纵向	机动进给手柄及快速移动按钮	300	1
中滑板刻度盘手柄	横向		100	0.05

续表

刻度盘	移动方向	操作方式	整圈格数	车刀移动距离/(mm/格)
 小滑板刻度盘手柄	纵向	无机动进给	100	0.05

（四）车床的保养与维护

1. 车床的润滑方式

CA6140型卧式车床的不同部位采用了不同的润滑方式，常用的有以下几种。

（1）浇油润滑

浇油润滑常用于外露的滑动表面，如床身导轨面和滑板导轨面等。一般用油壶浇油润滑。

（2）溅油润滑

溅油润滑常用于密闭的箱体中，例如，车床主轴箱中的传动齿轮将箱底的润滑油溅射到箱体上部的油槽中，然后经槽内油孔流到各润滑点进行润滑。

（3）油绳导油润滑

油绳导油润滑利用毛线既易吸油又易渗油的特性，通过毛线把油引入润滑点，间断地滴油润滑[图1-17(a)]，常用于进给箱和溜板箱的油池中。一般用油壶对毛线和油池进行浇注。

（4）弹子油杯注油润滑

弹子油杯注油润滑[图1-17(b)]通常用于尾座和滑板摇手柄转动的轴承处。注油时，用油嘴把弹子按下，滴入润滑油。使用弹子油杯的目的是防尘、防屑。

（5）油脂（黄油）杯润滑

油脂（黄油）杯润滑[图1-17(c)]通常用于车床挂轮架的中间轴。使用时，先在黄油杯中装满工业油脂，当拧进油杯盖时，油脂就挤进轴承套内，比加机油方便。使用油脂杯润滑的另一优点是存油期长，不需要每天加油。

项目一 认识车削加工

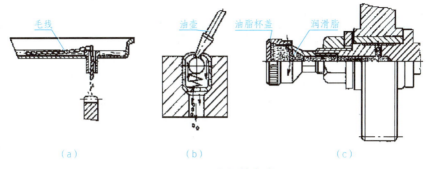

▲图1-17 润滑的方式
(a)油绳导油润滑；(b)弹子油杯注油润滑；(c)油脂杯润滑

(6)油泵输油润滑

油泵输油润滑通常用于转速高、润滑油需要量大的机构中。例如，车床的主轴箱一般都采用油泵输油润滑。

2. 车床的润滑系统和润滑要求

为了介绍对自用车床正确润滑，现以CA6140型卧式车床为例来说明润滑的部位及要求。

CA6140型卧式车床的润滑系统标牌如图1-18所示。润滑部位用数字标出，除了用黄油进行润滑外，其余都使用30号机油。其润滑要求见表1-2。

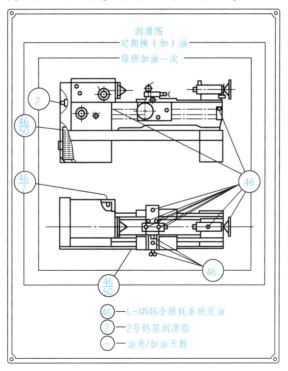

▲图1-18 CA6140型卧式车床的润滑系统标牌

9

▼表1-2　CA6140型卧式车床润滑系统的润滑要求

周期	数字	意义	符号	含义	润滑部位	数量
每班	整数形式	"○"中的数字表示润滑油牌号，每班加油1次	②	用2号钙基润滑脂进行润滑，每班拧动油盖1次	交换齿轮箱中的中间齿轮轴	1处
			㊻	使用牌号为L-AN46全损耗系统用油（相当于旧牌号的30号机油），每班加油1次	多处，见图1-18	13处
经常性	分数形式	$\frac{分子}{分母}$中分子表示润滑油牌号，分母表示两班制工作时换（添）油间隔的天数（每班工作时间为8 h）	$\frac{46}{7}$	分子"46"表示使用牌号为L-AN4全损耗系统用油，分母"7"表示加油间隔为7天	主轴箱后面电气箱内的床身立轴套	1处
			$\frac{46}{50}$	分子"46"表示使用牌号为L-AN46全损耗系统用油，分母"50"表示换油间隔为50~60天	左床脚内的油箱和溜板箱	2处

3. 车床的日常清洁、维护与保养要求

1) 每班工作后应擦净车床导轨面（包括中滑板和小滑板），要求无油污、无铁屑，并浇油润滑，使车床外表清洁、场地整齐。

2) 每周要求车床3个导轨面及转动部位清洁、润滑，油眼畅通，油标、油窗清晰，清洗护床油毡，并保持车床外表清洁、场地整齐等。

4. 车床的一级保养要求及顺序

车床运行500 h后，以学生操作为主，在教师的指导下及实训人员的配合下进行。保养时要按下列顺序进行。

(1) 主轴箱的保养

1) 清洗滤油器，使其无杂物。

2) 检查主轴锁紧螺母有无松动，紧定螺钉是否拧紧。

3) 调整制动器及离合器摩擦片间隙。

(2) 交换齿轮箱的保养

1) 清洗齿轮、轴套，并在油杯中注入新油脂。

2) 调整齿轮啮合间隙。

3) 检查轴套有无晃动现象。

(3) 滑板和刀架的保养

拆洗刀架和中、小滑板，洗净擦干后重新组装，并调整中、小滑板与镶条的间隙。

(4) 尾座的保养

摇出尾座套筒，并擦净涂油，以保持内外清洁。

(5) 润滑系统的保养

1) 清洗冷却泵、滤油器和盛液盘。

2）保证油路畅通，油孔、油绳、油毡清洁并无铁屑。
3）检查油质，保持良好，油杯齐全，油标清晰。
(6) 电气的保养
1）清扫电动机、电气箱上的尘屑。
2）电气装置固定整齐。
(7) 外表的保养
1）清洗车床外表面及各罩盖，保持其内、外清洁，无锈蚀、无油污。
2）清洗丝杠、光杆、操纵杆。
3）检查并补齐各螺丝钉、手柄球、手柄。

三、任务实施

【试一试】

（一）手动操作

1. 刀架部分的手动操作

(1) 床鞍

逆时针转动溜板箱左侧的床鞍手轮，床鞍向左纵向移动，简称"鞍进"；反之向右，简称"鞍退"。

(2) 中滑板

顺时针转动中滑板手柄，中滑板向远离操作者的方向移动，即横向进给，简称"中进"；反之，中滑板向靠近操作者的方向移动，即横向退出，简称"中退"。

(3) 小滑板

顺时针转动小滑板手柄，小滑板向左移动，简称"小进"；反之向右移动，简称"小退"。

(4) 刀架

逆时针转动刀架手柄，刀架随之逆时针转动，以调换车刀；顺时针转动刀架手柄，锁紧刀架。

> **相关提醒**
> 当刀架上装有车刀时，转动刀架，其上的车刀也随之转动，应避免车刀与工件、卡盘或尾座相撞。一般要求在刀架转位前就把中滑板向后退出适当距离。

2. 刻度盘的操作

(1) 床鞍刻度盘

转动床鞍手轮，每转过 1 格，床鞍移动 1 mm。例如，刻度盘逆时针转过 200 格，床鞍向左纵向进给 200 mm。

(2)中滑板刻度盘

转动中滑板手柄,每转过1格,中滑板横向移动0.05 mm。例如,刻度盘顺时针转过20格,中滑板横向进给1 mm。

(3)小滑板刻度盘

转动小滑板手柄,每转过1格,小滑板横向移动0.05 mm。例如,刻度盘顺时针转过10格,小滑板向左纵向进给0.5 mm。

> **相关提醒**
>
> 现象:转动床鞍、中滑板、小滑板手柄时,由于丝杠与螺母之间的配合存在间隙,会产生空行程,即刻度盘已转动,而刀架并未同步移动。
>
> 要求:使用刻度盘时,要先反向转动适当角度,消除配合间隙,再正向慢慢转动手柄,带动刻度盘转到所需的格数,如图1-19(a)所示。
>
> 消除措施:如果刻度盘多转动了几格,决不能简单地退回,如图1-19(b)所示;必须向相反方向退回全部空行程(通常反向转动1/2圈),再转到所需要的刻度位置,如图1-19(c)所示。

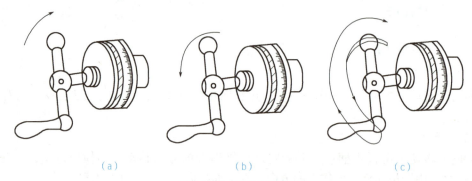

▲图1-19 刻度盘的操作

(a)反向转动适当角度;(b)多转动了几格,不退回;(c)相反方向退回全部空行程

3. 尾座的操作

(1)尾座套筒的进退和固定

逆时针扳动尾座套筒固定手柄,松开尾座套筒。顺时针转动尾座手轮,使尾座套筒伸出,简称"尾进";反之,尾座套筒缩回,简称"尾退"。顺时针扳动手柄,可以将尾座套筒固定在所需位置。

(2)尾座位置的固定

向后(顺时针)扳动尾座快速紧固手柄,松开尾座。把尾座沿床身纵向移动到所需位置,向前(逆时针)扳动手柄,快速地把尾座固定在床身上。

(二)基本训练

动作一:纵向手动进给。

双手交替均匀、连续摇动大拖板车削外圆。具体操作方法如下:左手放在中拖板的左侧,右手放在中拖板的右侧,双手交替均匀、连续摇动大拖板,双手在交替的过程中,大拖板手轮是不停地转动的(注意:在摇动的过程中手臂不能与中拖板碰撞)。

动作二:横向手动进给。

双手交替均匀、连续摇动中拖板车削端面。具体操作方法如下:站立在拖板箱的前面,站立位置以适度为止,双手交替均匀、连续摇动中拖板,双手在交替的过程中,中拖板手轮是不停地转动的。

动作三:纵横向同时进给。

双手配合摇动大、中拖板。具体操作方法如下:站立在拖板箱的前面,站立位置以适度为止,左手摇动大拖板,右手摇动中拖板,双手配合快速摇动拖板。由教师喊口令(大拖板向前,中拖板向后,或大拖板向后,中拖板向前等)指示学生进行训练,以训练学生的反应能力。

(三)车床的变速操作和空运转练习

1. 车床启动前的准备步骤

步骤1:检查车床开关、手柄和手轮是否处于中间空挡位置,如主轴正、反转操纵手柄要处于中间的停止位置,机动进给手柄要处于十字槽中央的停止位置等。

步骤2:将交换齿轮保护罩前面开关面板上的电源开关锁旋至"|"位置(图1-20)。

步骤3:向上扳动电源总开关由"OFF"至"ON"位置,即电源由"断开"转至"接通"状态,车床得电(图1-20)。同时,床鞍上的刻度盘照明灯亮。

步骤4:按图1-20所示面板上的按钮,使车床照明灯亮。

▲图1-20 开关面板

2. 车床主轴转速的变速操作

以调整车床主轴转速 40 r/min 为例,其变速操作步骤见表1-3。

▼表1-3 车床主轴转速的变速操作步骤

图示	步骤	操作步骤的内容	示例
	步骤1	找出要调整的车床主轴转速在圆周哪个挡位上	找出40 r/min在圆周右边位置上的挡位
	步骤2	将短手柄拨到此位置上并记住该数字的颜色	短手柄指向黄颜色的数字"40"上
	步骤3	相应地,将长手柄拨到与该数字颜色相同的挡位上	将长手柄拨到黄颜色的挡位上

3. 车床主轴正转的空运转操作

步骤1：按照表1-3中车床主轴转速的变速操作步骤，变速至12.5 r/min。

步骤2：按下床鞍上的绿色启动按钮（图1-21），启动电动机，但此时车床主轴不转。

▲图1-21　床鞍上的操作按钮

步骤3：观察车床主轴箱的油窗和进给箱、溜板箱油标，完成每天的润滑工作。

步骤4：将进给箱右下侧操纵杆手柄向上提起，实现主轴正转，此时车床主轴转速为12.5 r/min。

4. 车床主轴反转的空运转操作

只要将车床操纵手柄向下扳动，即可实现车床主轴反转，其他操作和主轴正转的空运转操作相同。

> ❈ 相关提醒
>
> 操纵手柄不要由正转位置直接扳至反转位置，应由正转位置经中间制动位置稍停2 s左右再扳至反转位置，这样有利于延长车床的使用寿命。

5. 车床停止的操作

步骤1：使操纵手柄处于中间位置，车床主轴停止转动。

步骤2：按下床鞍上的红色停止（或急停）按钮（图1-21）。如果车床需长时间停止，则必须继续完成步骤3、4。

步骤3：关闭车床电源总开关，向下扳动电源总开关由"ON"至"OFF"位置，即电源由"接通"转至"断开"状态，车床不带电。同时，床鞍上的刻度盘照明灯灭。

步骤4：将开关面板上的电源开关锁旋至"0"位置，再把钥匙拔出、收好。拔出钥匙后，总开关是合不上的，车床不会得电。

（四）对车床进行的润滑工作

1. 操作准备

准备好棉布、油枪、油桶、2号钙基润滑脂（黄油）、L-AN46全损耗系统用油等。

2. 擦拭车床润滑表面

在加油润滑前，应用棉布擦拭车床润滑表面，见表1-4。

项目一 认识车削加工

▼ 表 1-4 擦拭车床润滑表面

3. 润滑内容

依决每天对车床进行润滑时，必须按照图 1-22 所示 CA6140 型卧式车床每天润滑点的分布图依次进行。

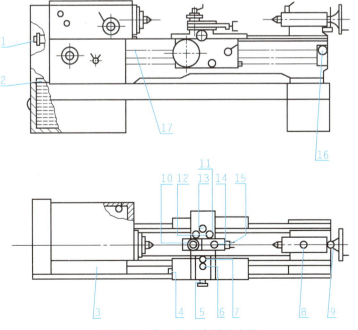

▲ 图 1-22 每天润滑点的分布图

四、任务评价

任务评价表见表1-5。

表 1-5 任务评价表

序号	考核项目	考核内容及要求	配分	评分标准	检测结果	得分
1	车床的基础	认识 CA6140 型卧式车床	20	不符合要求酌情扣分		
2		掌握车床各部分名称	20	不符合要求酌情扣分		
3		理解车床各部分作用及传动系统	10	不符合要求酌情扣分		
4	车床的操作	正确启动、关闭车床	10			
		正确进行主轴箱、进给箱的变速	10			
		熟练掌握溜板箱的手动操作	10			
5	工具设备的正确使用与维护	正确、规范使用工具、量具、刀具,合理保养及维护工具、量具、刀具	10	不符合要求酌情扣分		
		正确、规范使用设备,合理保养及维护设备				
		操作姿势、动作正确				
6	职业素养	安全文明生产,符合国家颁发的有关法规或企业自定的有关规定	10	一项不符合要求不得分,发生较严重安全事故取消考试资格		

五、练习与提高

1)简述车床的主要组成部分以及传动关系。
2)简述车床的启动步骤和操作注意事项。
3)简述车床溜板箱的手动进给方法。
4)简述车床一级保养要求和顺序。

任务二　安全文明生产

一、任务目标

1）掌握安全生产要求。
2）掌握文明生产要求。
3）掌握职业素养要求。

二、任务资讯

（一）车床安全操作规程

1. 开车前准备

1）检查机床各手柄是否处于正常位置。
2）传动带、齿轮安装罩是否装好。
3）进行加油润滑。

2. 安装工件

1）工件要夹正、夹牢。
2）工件安装、拆卸完毕后随手取下卡盘扳手。
3）安装、拆卸大工件时，应该用木板保护床面。
4）顶尖轴不能伸出全长的 1/3 以上，一般轻工件不得伸出 1/2 以上。
5）装夹偏心工件时，要加平衡块，并且每班应检查螺帽的紧固程度。
6）加长长料时，车头后面不得露出太长，否则应装上托架并有明显标志。

3. 安装刀具

1）刀具要垫好、放正、夹牢。
2）装卸刀具和切削加工时，切记先锁紧刀架。
3）装好工件和刀具后，进行极限位置检查。

4. 开车后

1）不能改变主轴转速。
2）不能测量工件尺寸。
3）不能用手触摸旋转着的工件，不能用手触摸切削刃。
4）切削时要戴好防护眼镜。

5)切削时要精力集中,严禁离开机床。

6)加工过程中,使用尾座钻孔、绞孔时,不能挂在拖板上起刀,使用中心架时要注意校正工件的同心度。

7)纵横走刀时,小刀架上盖至少要与小刀架下座平齐,中途停车必须先停走刀后才能停车。

8)加工铸铁件时,不能在机床导轨面上直接加油。

5. 下班时

1)工具、夹具、量具及附件妥善放好,将进给箱移至机床尾座一侧,擦净机床、清理场地,关闭电源。

2)擦拭机床时,要防止刀尖、切屑等划伤手,并防止溜板箱、刀架、卡盘、尾座等相碰撞。

6. 发生事故

1)立即停车,关闭电源。

2)保护现场。

3)及时向有关人员汇报,以便分析原因,总结经验教训。

(二)文明生产的要求

1)刀具、量具及工具等的放置要稳妥、整齐、合理,有固定位置,便于操作时取用,用后应放回原处,主轴箱盖上不应放置任何物品。车间布置如图1-23所示。

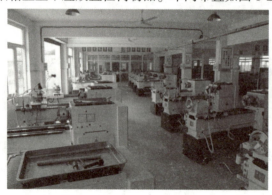

▲图1-23 车间布置

2)工具箱内应分类摆放物件,精度高的物件应放置稳妥,重物放下层,轻物放上层。

3)正确使用和爱护量具,保持量具清洁,使用后擦净、涂油,放入盒内,并及时归还工具室。所使用量具必须定期校验,以保证其度量准确。

4)不允许在卡盘及床身导轨上敲击或校直工件,车床面上不准放置工具或工件。装夹、找正较重工件时,应用木板保护车床面。

5)车刀磨损后,应及时刃磨,不允许用钝刃车刀继续车削,以免增加车床负荷、损坏车床,影响工件表面的加工质量和生产效率。

6)应用专用铁钩清除切屑,不允许用手直接清除。

7)毛坯、半成品和成品应分开放置。半成品和成品应堆放整齐、轻拿轻放,严防碰伤已加工表面。

8)图样、工艺卡片应放置在便于阅读的位置,并注意保持其清洁和完整。

9)使用切削液前,应在床身导轨上涂润滑油。

10)工作场地周围应保持清洁整齐,避免杂物堆放,防止绊倒。

11)工作时应穿工作服、戴套袖,不要系领带。女生应戴工作帽,并将长发塞入帽子里。夏季,女生禁止穿裙子和凉鞋上机操作。在车床上操作时,不允许戴手表、手套和佩戴戒指等首饰(图1-24)。

▲图 1-24 穿戴演示

12)工作时,头不能离工件太近,以防止切屑飞入眼中。为防止切屑崩碎飞散伤人,必须戴防护眼镜。

13)工作时,必须集中精力,注意手、身体和衣服不能靠近正在旋转的机件,如工件、卡盘、丝杠、带轮、带、齿轮等。

三、任务实施

▲【试一试】

根据任务,联系生产实际练一练。

1)实际感受车间安全文明生产。

2)根据所学安全文明生产知识,做好实习准备工作。

3)根据所学安全文明生产知识,在实习过程中做好安全文明生产。

4)根据所学安全文明生产知识,做好实习结束工作。

四、任务评价

任务评价表见表1-6。

▼ 表1-6 任务评价表

序号	考核项目	考核内容及要求	配分	评分标准	检测结果	得分
1	安全文明生产	安全文明生产准备工作	20	不符合要求酌情扣分		
2		安全文明生产过程实施工作	20	不符合要求酌情扣分		
3		安全文明生产结束工作	40	不符合要求酌情扣分		
4	工具设备的正确使用与维护	正确、规范使用工具、量具、刀具，合理保养及维护工具、量具、刀具	10	不符合要求酌情扣分		
		正确、规范使用设备，合理保养及维护设备				
		操作姿势、动作正确				
5	职业素养	安全文明生产，符合国家颁发的有关法规或企业自定的有关规定	10	一项不符合要求不得分，发生较严重安全事故取消考试资格		

五、练习与提高

1. 判断题

1）操作车床时，可暂时离开岗位，只要及时回来就可以。（　　）

2）在车削时，车刀出现溅火星属正常现象，可以继续车削。（　　）

3）凡装卸工件、更换刀具、测量加工表面以及变换速度时，必须先停车。（　　）

4）为了使用方便，主轴箱盖上可以放置任何物品。（　　）

5）装夹较重较大工件时，必须在机床导轨面上垫上木板，防止工件突然坠下砸伤导轨。（　　）

6）车床工作中主轴要变速时，必须先停车。（　　）

7）工具箱内应分类摆放物件。精度高的物件放置稳妥，重物放下层，轻物放上层。（　　）

8）开机前，在手柄位置正确的情况下，需低速运转 2 min 后，才能进行车削。（　　）

9）车工在工作时应戴好防护眼镜、穿好工作服，女生要戴工作帽，并将长发塞入帽子里。（　　）

10）为使转动的卡盘及早停住，可用手慢慢按住转动的卡盘。（　　）

11）工作场地应保持清洁整齐，不得堆放杂物。（　　）

12）车工可以戴手套进行操作。（　　）

13）刀具、量具可以放在车床的导轨面上。（　　）

14)操作中若出现异常现象，应及时停车检查；出现故障、事故应立即切断电源，操作者进行维修。（   ）

15)工作完成后，将所用过的物品擦净归位，清理机床，刷去切屑，擦净机床各部位的油污；按规定加注润滑油，最后把机床周围打扫干净；将床鞍摇至床尾一端，各转动手柄放到空挡位置，关闭电源。（   ）

2. 简答题

简述在工厂实习时，应遵守的安全文明生产操作规程。

任务三　认识车削运动

一、任务目标

1）了解车削运动。
2）掌握合理选用切削用量的方法。
3）掌握合理选用切削液的方法。

二、任务资讯

（一）车削运动

车削时，为了切除多余的金属，必须使工件和车刀产生相对的车削运动。按运动的作用不同，车削运动可分为主运动和进给运动两种，如图1-25所示。

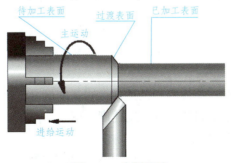

▲图1-25　车削运动

1. 主运动

主运动是指机床的主要运动，它消耗机床的主要动力，通常主运动的速度较高。车削时,工件的旋转运动是主运动。

2. 进给运动

进给运动是指使工件的多余材料不断被去除的切削运动,如车外圆时的纵向进给运动、车端面时的横向进给运动等。图 1-25 所示进给运动为纵向进给运动。

(二)工件上形成的表面

车削时,工件上形成已加工表面、过渡表面和待加工表面。

1. 已加工表面

已加工表面是指工件上经车刀车削后产生的新表面。

2. 过渡表面

过渡表面是指工件上由切削刃正在切削的那部分表面。

3. 待加工表面

待加工表面是指工件上有待切除的表面。图 1-26 所示为车外圆、车孔和车端面时工件上形成的三个表面。

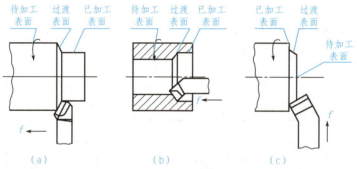

▲图 1-26 车削时工件上形成的三个表面
(a)车外圆;(b)车孔;(c)车端面

(三)切削用量的选择

1. 切削用量的基本概念

切削用量与提高生产效率有着密切的关系,它是度量主运动及进给运动大小的参数。
切削用量包括切削深度、进给量和切削速度,即 a_p、f、v_c。

(1)切削深度 a_p

切削深度 a_p 是指工件上已加工表面和待加工表面间的垂直距离,是每次进给车刀切入工件的深度,如图 1-27 所示。车槽、切断时的切削深度等于车刀的主切削刃宽度,单位为 mm。

车外圆时[图 1-27(a)],切削深度的计算公式为

$$a_p = \frac{d_w - d_m}{2}$$

式中　a_p——切削深度；
　　　d_w——工件待加工表面直径；
　　　d_m——工件已加工表面直径。

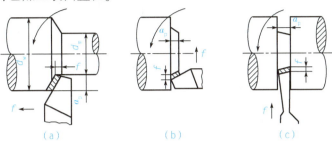

▲图 1-27　进给量与切削深度
(a)车外圆；(b)车端面；(c)切断

(2) 进给量 f

进给量 f 是工件旋转一周，车刀沿进给方向移动的距离，如图 1-27 所示。进给量是衡量进给运动大小的参数，其单位为 mm/r。

进给量又分为纵进给量和横给进量。纵进给量是指沿车床床身导轨方向的进给量；横进给量是指垂直于车床床身导轨方向的进给量。

(3) 切削速度 v_c

切削速度 v_c 是指切削刃选定点相对于工件待加工表面的主运动的瞬时速度。它是衡量主运动大小的参数。

主运动的线速度就是切削速度，也可以理解为车刀在 1 min 内车削工件表面的理论展开直线长度(假定切屑没有变形或收缩)，其单位为 m/min。

切削速度的计算公式为

$$v_c = \frac{\pi n d}{100}$$

式中　v_c——切削速度，m/min；
　　　d——工件直径，mm；
　　　n——车床主轴速度，r/min。

车削时，工件做旋转运动，不同直径处的各点切削速度不同。在计算时，应以最大的切削速度为准。

2. 切削用量的初步选择

表 1-7 为切削用量的初步选择原则。

▼表 1-7　切削用量的初步选择原则

加工阶段	粗车	半精车和精车
选择原则	考虑到提高生产率并保证合理的车刀使用寿命，首先要选用较大的切削深度，然后选用较大的进给量，最后根据车刀使用寿命选择合理的切削速度	必须保证加工精度和表面质量，同时，还必须兼顾必要的车刀使用寿命和生产率

续表

加工阶段	粗车	半精车和精车
切削深度	在保留半精车余量（1~3 mm）和精车余量（0.1~0.6 mm）后，其余量应尽量一次车去	由粗加工后留下的余量确定，用硬质合金车刀车削时，最后一刀的吃刀量不宜太小，以大于 0.1 mm 为宜
进给量	在工件刚性和强度允许的情况下，可选用较大的进给量	一般多采用较小的进给量
切削速度	车削中碳钢时，平均切削速度为 80~100 m/min；切削合金钢时，平均切削速度为 50~70 m/min；切削灰铸铁时，平均切削速度为 50~70 m/min	用硬质合金车刀精车时，一般采用较高的切削速度（80 m/min 以上）；用高速钢车刀精车时，宜采用较低的切削速度

（四）切削液的选择和使用

1. 切削液的作用

1）冷却作用：降低磨削温度，避免工件烧伤及变形。
2）润滑作用：减轻磨粒与工件表面的摩擦，降低工件的表面粗糙度。
3）清洗作用：冲洗掉磨屑，避免划伤工件表面和堵塞砂轮。
4）防锈作用：切削液含有防锈添加剂，起到防锈作用。

2. 切削液的分类和选择

切削液的化学成分较纯，化学性质要稳定，不宜变质，不应有毒性物质。切削液应具有较好的冷却润滑作用，而且还应有一定的透明度。切削液分为水溶液和油类两大类。常用的水溶液有乳化液和化学合成液；油类分为机械油和煤油。

(1) 乳化液

乳化液又称肥皂水。它由乳化油加水冲制而成，种类较多，包括乳化油、防锈乳化液、半透明乳化液、极压乳化液，呈白色和半透明状。使用时，取 2%~5% 乳化油和 95%~98% 的水配制即可。其用途如下：

1）乳化油用于磨削钢与铸铁。
2）防锈乳化液用于磨削黑色金属及光学玻璃。
3）半透明乳化液用于精磨配置时可加 0.2% 苯乙醇胺。
4）极压乳化液用于磨削黑色金属，若添加氯、硫、磷等极压添加剂，可磨削不锈钢、钛合金等加工性能差的工件。

(2) 化学合成液

化学合成液是一种新型的切削液，呈透明和半透明状，由添加剂、防锈剂、低泡油性剂和清洗剂配制而成。与乳化液相比，使用化学合成液能得到更低的工件表面粗糙度值，可达 $Ra0.025\ \mu m$，并能提高砂轮的耐用度。

1）420 号切削液用于高速磨削与缓进给磨削。

2）H-1 精磨液用于精密磨削，也适于普通磨削，可代替乳化液。

3）透明水溶液用于无心磨床与外圆磨床。

4）101 切削液可代替油性切削液及乳化液。

5）苏打水用于黑色金属与有色金属的磨削。

(3) 机械油及煤油

1）极压切削油主要用于超精密磨削，磨削难加工材料，可代替硫化油使用。

2）F-43 极压油用于磨削耐热钢、耐热合金钢及耐腐蚀钢。

3）N10 和 N32 机械油用于磨削螺纹、齿轮及成型磨削等。

4）复合油用于磨削钢、铸铁、青铜、铝合金等材料。

5）煤油加少量四氯化碳和 N15 机械油配合，可用于磨削铝制工件。

3. 使用切削液的注意事项

1）切削液应充足，能够均匀地喷射到砂轮与工件的磨削接触面上。

2）磨削量越大，磨削面积越大，工件材料越硬时，切削液流量要相应加大，磨削易退火工件、薄壁工件及细长轴时，切削液流量也要相应加大。

3）精磨以及磨削表面粗糙度值要求低的工件，切削液要干净，乳化液浓度要比粗磨高。

4）用树脂结合剂砂轮磨削时，切削液含碱量不超过 1.5%；而用橡胶结合剂时，不能用油性切削液，以免降低砂轮耐用度。

5）换入新液时，须先将切削液箱清洗干净，除去磨削油泥、淤渣。

6）使用期内，中途不要添加异样切削液，需保持清洁，不能含杂质，定期要更换。超精密磨削时，可采用专门的过滤装置。

四、任务评价

任务评价表见表 1-8。

表 1-8　任务评价表

序号	考核项目	考核内容及要求	配分	评分标准	检测结果	得分
1	切削运动	了解切削运动的组成	30	超差 0.01 mm 扣 2 分		
2		理解切削表面的定义	30	超差 0.01 mm 扣 2 分		
3	切削用量	理解切削用量的含义	10	超差不得分		
4		合理选择切削用量	6	超差 0.01 mm 扣 2 分		
5	切削液	了解切削液的作用	10	超差不得分		
6		正确选用切削液	4	超差不得分		
7	职业素养	安全文明生产，符合国家颁发的有关法规或企业自定的有关规定	10	一项不符合要求不得分，发生较严重安全事故取消考试资格		

五、练习与提高

1）简述切削运动的组成及其含义。
2）简述切削三要素的含义。
3）简述切削用量的选择原则。
4）简述切削液的分类及选择方法。

任务四　车刀准备

一、任务目标

1）了解常用车刀的类型。
2）掌握常用车刀的用途。
3）掌握常用的车刀的刃磨方法。
4）了解装夹式车刀的类型和用途。

二、任务资讯

（一）车刀的种类和用途

车刀按不同的用途可分为外圆车刀、端面车刀、切断刀、内孔车刀、成型车刀和螺纹车刀等，见表1-9。

▼表1-9　常用的车刀种类与用途

车刀种类	车刀视图	用途	车削示例
90°车刀（偏刀）	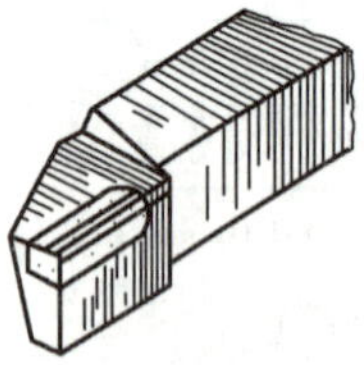	车削工件的外圆、阶台和端面	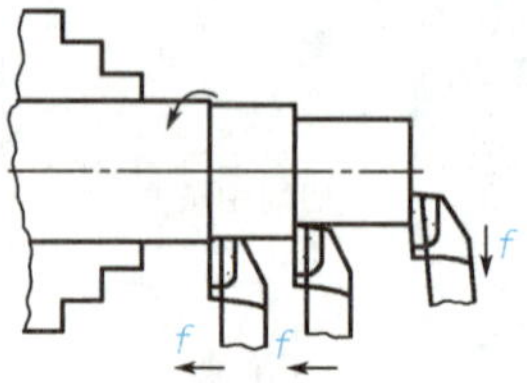
75°车刀	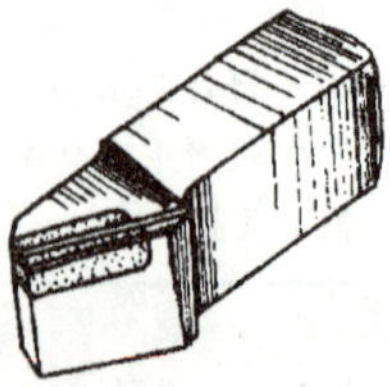	车削工件的外圆和端面	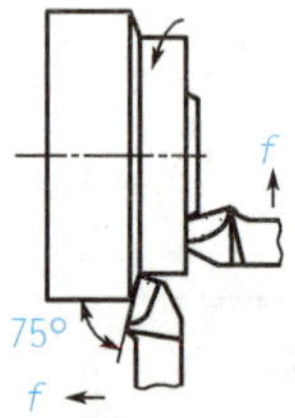

续表

车刀种类	车刀视图	用途	车削示例
45°车刀（弯头车刀）		车削工件的外圆、端面和倒角	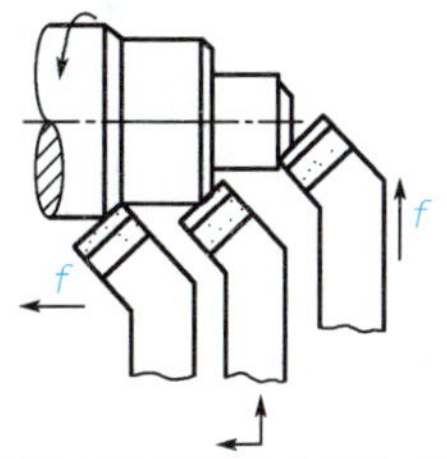
切断刀	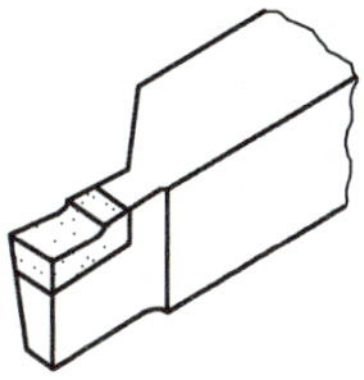	用于切断和切槽	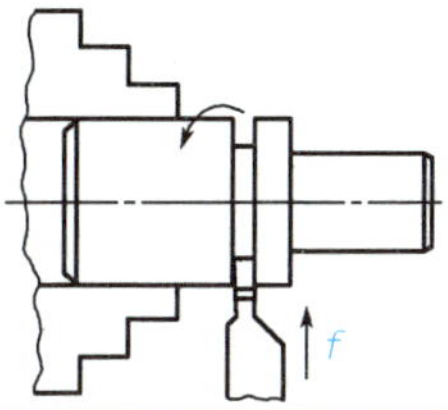
内孔车刀		车削工件的内孔	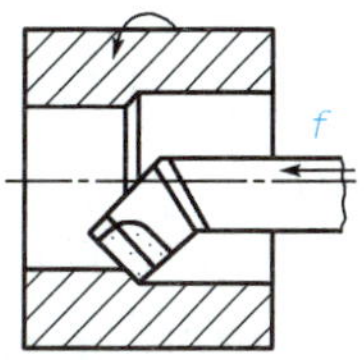
成型车刀		车削工件的圆弧面或成型面	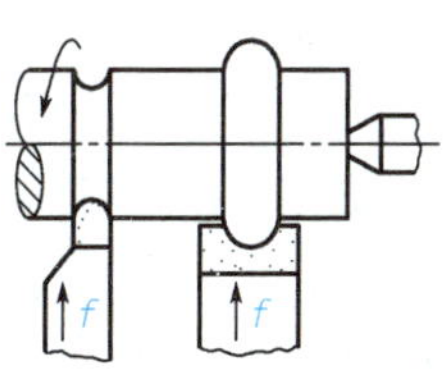
螺纹车刀		车削螺纹	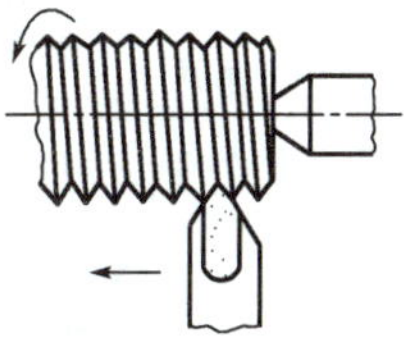

（二）车刀的组成部分和切削部分的几何要素

车刀由刀头和刀杆两部分所组成。其中，刀头是车刀的切削部分，刀杆是车刀的夹持部分。刀头是车刀最重要的部分，由刀面、刀刃和刀尖组成，承担切削加工任务。车刀的组成（图1-28）与刀头基本相同，但刀面、刀刃的数量、形式、形状不完全相同，如外圆车刀有3个刀面、2条刀刃和1个刀尖，而切断刀有4个刀面、3条刀刃和2个刀尖。刀刃可以是直线，也可以是曲线。

(1) 刀面

1) 前面：车刀上切屑流出时经过的刀面。

2) 主后面：车刀上与工件过渡表面相对的刀面。

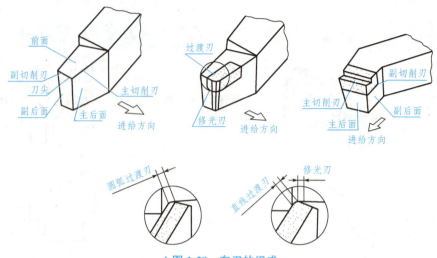

▲ 图 1-28 车刀的组成

3）副后面：车刀上与工件已加工表面相对的刀面。

（2）刀刃

1）主切削刃：前面与主后面相交的部位，承担主要的切削工作。

2）副切削刃：前面与副后面相交的部位，靠近刀尖部分，承担少量的切削工作。

（3）刀尖

刀尖是主刀刃和副刀刃的连接部位。为了提高刀尖的强度，改善散热条件，很多车刀在刀尖处磨出圆弧形过渡刃，又称刀尖圆弧。一般硬质合金车刀的刀尖圆弧半径为 0.5~1 mm。

（4）修光刃

副刀刃前段接近刀尖处一小段平直的刀刃称为修光刃。装刀时，须使修光刃与进给方向平行，且修光刃长度必须大于工件的进给量时才能起到修光工件表面的作用。

（5）刀具角度

45°、90°外圆车刀切削部分的主要角度如图 1-29 所示。

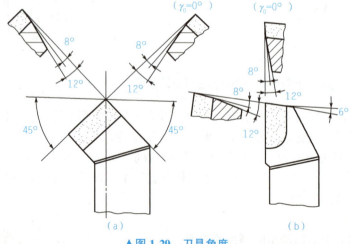

▲ 图 1-29 刀具角度
（a）45°车刀；（b）90°车刀

(三)常用车刀材料

车刀切削部分在很高的切削温度下工作,经受强烈的摩擦,并承受很大的切削力和冲击,因此,车刀切削部分的材料必须具备的基本性能是较高的硬度、较好的耐磨性、足够的强度和韧性、较好的耐热性和导热性、良好的工艺性和经济性。

目前,车刀切削部分常用的材料有高速钢和硬质合金两大类。

1. 高速钢

高速钢是含钨(W)、钼(Mo)、铬(Cr)、钒(V)等合金元素较多的工具钢。高速钢刀具制造简单,刃磨方便,容易通过刃磨得到锋利的刃口;而且韧性较好,常用于承受冲击力较大的场合。高速钢特别适用于制造各种结构复杂的成型刀具和孔加工刀具,如成型车刀、螺纹刀具、钻头和铰刀等。但是,高速钢的耐热性较差,因此不能用于高速切削。

2. 硬质合金

硬质合金是目前应用最广泛的一种车刀材料。硬质合金的硬度、耐磨性和耐热性均优于高速钢,切削钢时,切削速度可达约 220 m/min。其缺点是韧性较差,承受不了大的冲击力。

硬质合金的分类、用途、性能、代号以及性能、适用加工阶段的对照见表1-10。

▼表1-10 硬质合金的分类、用途、性能、代号以及性能、适用加工阶段的对照

类别	用途	加工材料	常用代号	性能		适用加工阶段	对应的旧牌号
				耐磨性	韧性		
K类（钨钴类）	适用于加工铸铁、有色金属等脆性材料或冲击较大的场合。但在切削难加工材料或振动较大(如断续切削塑性金属)等特殊情况时也较合适	适用于加工短切屑的黑色金属、有色金属及非金属材料	K01	↑	↓	精加工	YG3
			K10			半精加工	YC6
			K20			粗加工	YG8
P类（钨钛钴类）	适用于加工钢或其他韧性较好的塑性金属,不宜用于加工脆性金属	适用于加工长切屑的黑色金属	P01	↑	↓	精加工	YT30
			P10			半精加工	YT15
			P30			粗加工	YT5
M类[钨钛钼(铌)钴类]	既可加工铸铁、有色金属,又可加工碳素钢、合金钢,故又称通用合金。	适用于加工长切屑或短切屑的黑色金属和有色金属	M10	↑	↓	精加工、半精加工	YW1
	主要用于加工高温合金、高锰钢、不锈钢以及可锻铸铁、球墨铸铁、合金铸铁等难加工材料		M20			半精加工、粗加工	YW2

(四)砂轮机

砂轮机是用来刃磨各种刀具、工具的常用设备,由机座、防护罩、电动机、砂轮(图 1-30)和控制开关等部分组成,如图 1-31 所示。

砂轮机上有绿色和红色的控制开关,用以启动和停止砂轮机。

> ❋ **相关提醒**
>
> 1)新安装的砂轮必须严格检查。在使用前要检查外表有无裂纹,可用硬木轻敲砂轮,检查其声音是否清脆。如果有碎裂声必须重新更换砂轮。
>
> 2)砂轮在试转合格后才能使用。新砂轮安装完毕,先点动或低速试转,若无明显振动,再改用正常转速,空转 10 min,情况正常后才能使用。
>
> 3)砂轮安装后必须保证装夹牢靠,运转平稳。砂轮机启动后,应在砂轮旋转平稳后再进行刃磨。
>
> 4)砂轮旋转速度应略小于允许的线速度,速度过高会爆裂伤人,过低又会影响刃磨质量。
>
> 5)若砂轮跳动明显,应及时修整。平形砂轮一般可用砂轮刀在砂轮上来回修整,杯形细粒度砂轮可用金刚石笔或硬砂条修整。

▲图 1-30 砂轮

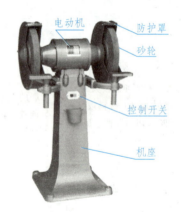

▲图 1-31 砂轮机

1. 砂轮的选择

车刀(指整体车刀与焊接车刀)用钝后重新刃磨是在砂轮机上刃磨的。磨高速钢车刀用氧化铝砂轮(白色),磨硬质合金刀头用碳化硅砂轮(绿色)。

2. 刃磨车刀的姿势及方法

1)人站立在砂轮机的侧面,以防砂轮碎裂时碎片飞出伤人。

2)两手握刀的距离放开,两肘夹紧腰部,以减小磨刀时的抖动。

3)磨刀时,车刀要放在砂轮的水平中心,刀尖略向上翘 3°~8°,车刀接触砂轮后应做左右方向水平移动。当车刀离开砂轮时,车刀需向上抬起,以防磨好的刀刃被砂轮碰伤。

4)磨刀具后面时,刀杆尾部向左偏过一个主偏角的角度;磨刀具副后面时,刀杆尾部向右偏过一个副偏角的角度。

5)修磨刀尖圆弧时,通常以左手握车刀前端为支点,用右手转动车刀的尾部。

3. 磨刀安全知识

1)刃磨刀具前,应首先检查砂轮有无裂纹,砂轮轴螺母是否拧紧,并经试转后使用,以免砂轮碎裂或飞出伤人。

2)刃磨刀具不能用力过大,否则会使手打滑而触及砂轮面,造成工伤事故。

3)磨刀时,应戴防护眼镜,以免沙砾和铁屑飞入眼中。

4)磨刀时,不要正对砂轮的旋转方向站立,以防意外。

5)磨小刀头时,必须把小刀头装入刀杆上。

6)砂轮支架与砂轮的间隙不得大于 3 mm,如发现过大,应调整适当。

(五)检查车刀角度的方法

1. 目测法

观察车刀角度是否符合切削要求,刀刃是否锋利,表面是否有裂痕和其他不符合切削要求的缺陷。

2. 量角器和样板测量法

对于角度要求高的车刀,可用此法检查,如图 1-32 所示。

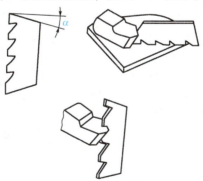

▲图 1-32 样板检查车刀角度

三、任务实施

【试一试】

1. 准备工作

(1)原材料准备

刀坯:90°硬质合金外圆车刀一支。

(2)工具准备

常用工具：一字螺钉旋具、活络扳手等。

(3)量具准备

量具：万能角度尺、对刀样板。

(4)设备准备

设备：砂轮机(80目氧化铝砂轮、40目氧化铝砂轮)。

2. 刃磨步骤

现以90°硬质合金外圆车刀为例，介绍手工刃磨车刀的步骤，见表1-11。

▼表1-11　手工刃磨车刀的步骤

序号	工序	工序内容	图示
1	粗磨车刀	1)选用粒度号为24~36号的氧化铝砂轮 2)磨去车刀前面、后面上的焊渣。 3)将车刀底面磨平即可	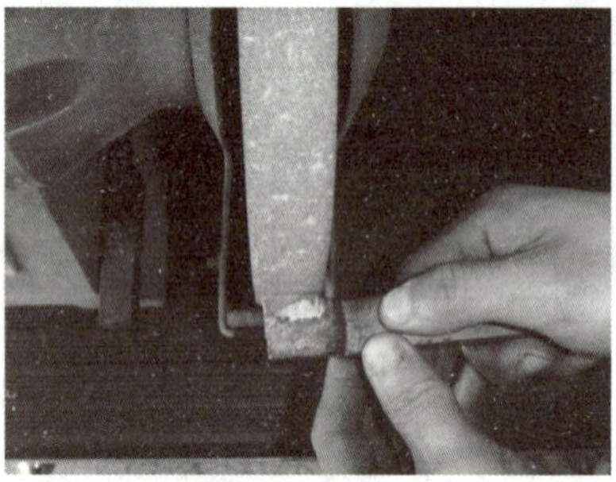
2	粗磨主后面	1)粗磨主后面时，柄应与砂轮轴线保持平行。同时，刀体底平面向砂轮方向倾斜一个5°~7°的角度。 2)刃磨时，先把车刀已磨好的后隙面靠在砂轮的外圆上，以接近砂轮中心的水平位置为刃磨的起始位置，然后使刃磨位置继续向砂轮靠近，并做左右缓慢移动。当砂轮磨至刀刃处即可结束。同时，磨出主偏角和主后角。 3)可选用粒度号为36~60号的碳化硅砂轮	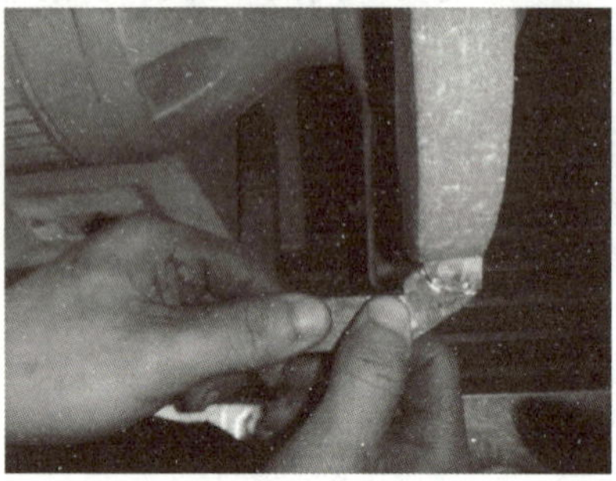
3	粗磨副后面	1)粗磨副后面时，刀柄尾部应向右转过一个副偏角k_r'(6°~8°)的角度，同时车刀底平面向砂轮方向倾斜一个5°~7°的角度。 2)具体刃磨方法与粗磨刀体上主后面大体相同。同时磨出副偏角k_r'和副后角	

续表

序号	工序	工序内容	图示
4	粗磨前面	一般左手捏刀头，右手握刀柄，刀柄保持平直，磨出前面	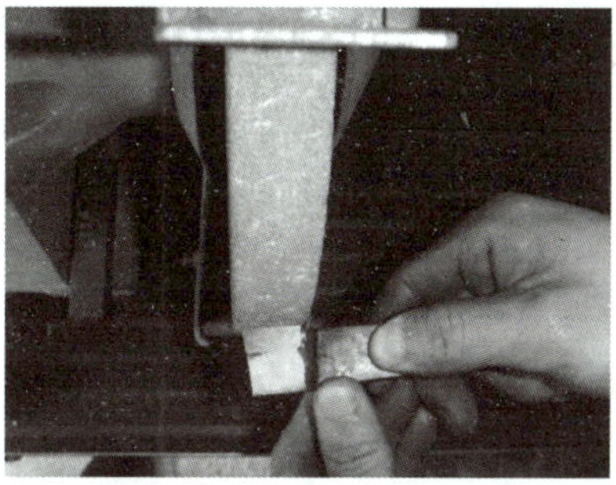
5	磨断屑槽	左手拇指与食指握刀柄上部，右手握刀柄下部，刀头向上。刀头前面接触砂轮的左侧交角处，并与砂轮外圆周面成一夹角（车刀上的前角由此产生，前角为15°~20°）	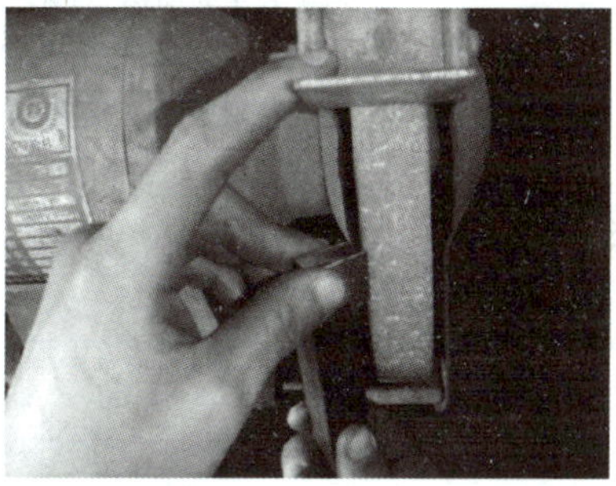
6	精磨主后面和副后面	精磨前要修整好砂轮，保持砂轮平稳旋转。刃磨时将车刀底平面靠在调整好角度的托架上，并使切削刃轻轻地靠住砂轮的端面上，沿砂轮端面缓慢地左右移动，使砂轮磨损均匀、车刀刃口平直	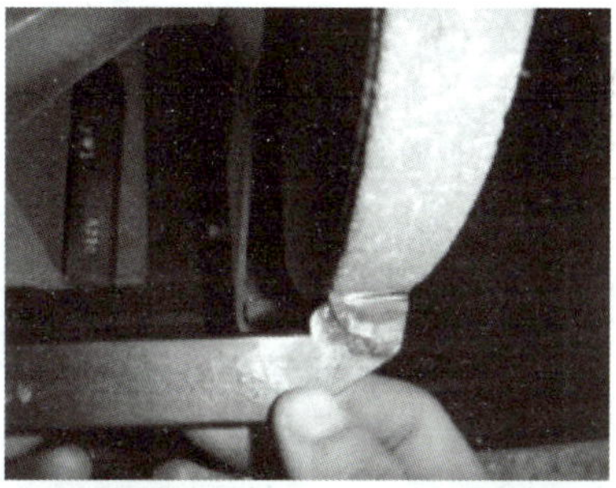 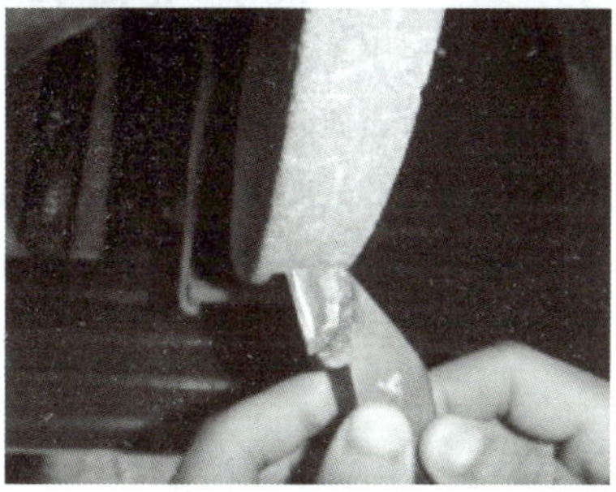

33

续表

序号	工序	工序内容	图示
7	磨负倒棱	负倒棱刃磨时，用力要轻微，要使主切削刃的后端向刀尖方向摆动。刃磨时可采用直磨法和横磨法。为了保证切削刃的质量，最好采用直磨法。 负倒棱的倾斜角度一般为$-5°\sim10°$，其宽度b为进给量的$0.5\sim0.8$倍，即$b=(0.5\sim0.8)f$	
8	磨过渡刃	过渡刃有直线形和圆弧形两种，以右手捏车刀前端为支点，左手握刀柄，刀柄后半部向下倾斜一些，在车刀主后面与副后面交接处自下而上地轻轻接触砂轮，使刀尖处具有 0.2 mm 左右的小圆弧刃或短直线刃	

❈ 相关提醒

1) 车刀刃磨时，不能用力过大，以防打滑伤手。

2) 车刀高低必须控制在砂轮水平中心，刀头略向上翘，否则会出现后角过大或副后角等弊端。

3) 车刀刃磨时，应做水平的左右移动，以免砂轮表面出现凹坑。

4) 在平形砂轮上磨刀时，尽可能避免磨砂轮侧面。

5) 磨刀时，要戴防护镜。

6) 刃磨硬质合金车刀时，不可把刀头部分放入水中冷却，以防刀片突然冷却而碎裂。刃磨高速钢车刀时，应随时用水冷却，以防车刀过热退火，降低硬度。

7) 在磨刀前，要对砂轮机的防护设施进行检查。例如，防护罩壳是否齐全；有托架的砂轮，其托架与砂轮之间的间隙是否恰当等。

8) 重新安装砂轮后，要进行检查，经试转后方可使用。

9) 工作结束后，应随手关闭砂轮机电源。

10) 刃磨练习可以与卡钳的测量练习交叉进行。

11) 车刀刃磨练习的重点是掌握车刀刃磨的姿势和刃磨方法。

◦ 四、任务评价

任务评价表见表 1-12。

▼表1-12　任务评价表

序号	考核项目	考核内容及要求	配分	评分标准	检测结果	得分
1	车刀种类	熟悉常用车刀的种类	20	不符合要求酌情扣分		
2	车刀材料	熟悉常用车刀的材料	20	不符合要求酌情扣分		
3	车刀几何要素和角度	了解车刀切削部分的几何要素及角度	20	不符合要求酌情扣分		
4	刃磨车刀	刃磨硬质合金外圆车刀	20	不符合要求酌情扣分		
5	工具设备的正确使用与维护	正确、规范使用工具、量具，合理保养及维护工具、量具	10	不符合要求酌情扣分		
		正确、规范使用设备，合理保养及维护设备				
		操作姿势、动作正确				
6	职业素养	安全文明生产，符合国家颁发的有关法规或企业自定的有关规定	10	一项不符合要求不得分，发生较严重安全事故取消考试资格		

五、相关资讯

（一）左车刀和右车刀的判别

按进给方向的不同，车刀可分为左车刀和右车刀两种，其判别方法见表1-13。

▼表1-13　车刀的分类和判别方法

车刀	右车刀	左车刀
45°车刀（弯头车刀）	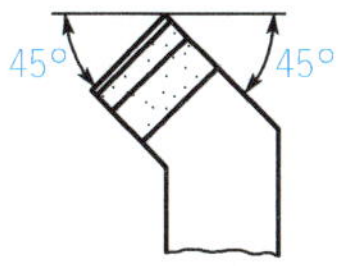	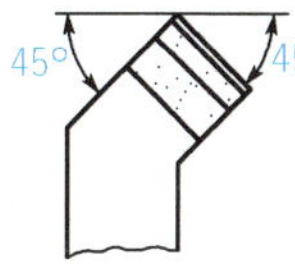
75°车刀	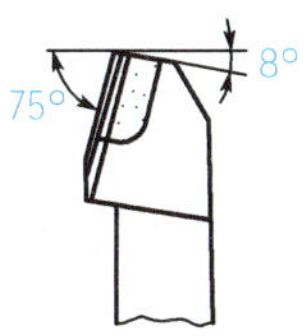	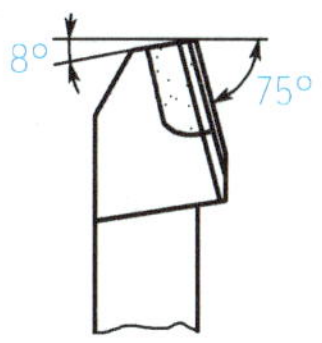

续表

车刀	右车刀	左车刀
90°车刀(偏刀)	右偏刀 （又称正偏刀）	左偏刀
说明	右车刀的主切削刃在刀柄左侧，由车床的右侧向左侧纵向进给	左车刀的主切削刃在刀柄右侧，由车床的左侧向右侧纵向进给
左右手判别法	将张开的右手手心向下，放在刀柄的上面，指尖指向刀头方向，如果主切削刃和右手拇指在同一侧，则该车刀为右车刀	反之，则为左车刀

（二）车刀的结构

车刀从结构上分为 4 种形式，即整体式、焊接式、机夹式、可转位式，如图 1-33 所示，其结构特点及适用场合见表 1-14。

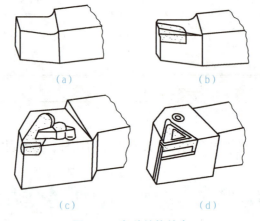

▲图 1-33　各种结构的车刀

(a)整体式车刀；(b)焊接式车刀；(c)机夹式车刀；(d)可转位式车刀

▼表 1-14　车刀的结构特点及适用场合

名　　称	特　　点	适用场合
整体式车刀	用整体高速钢制造，刃口可磨得较锋利	小型车床或加工非铁金属
焊接式车刀	焊接硬质合金或高速钢刀片，结构紧凑，使用灵活	各类车刀，特别是小刀具

续表

名称	特点	适用场合
机夹式车刀	避免了焊接产生的应力、裂纹等缺陷,刀杆利用率高。刀片可集中刃磨获得所需参数,使用灵活、方便	外圆、端面、镗孔、切断、螺纹车刀等
可转位式车刀	避免了焊接刀的缺点,刀片可快换转位;生产率高;断屑稳定;可使用涂层刀片	大中型车床加工外圆、端面、镗孔,特别适用于自动线、数控机床

(三)砂轮特性

砂轮的特性由磨料、粒度、硬度、结合剂和组织5个因素决定。下面主要介绍前三个因素。

卢成林：决胜毫厘的"巧手车工"

1. 磨料

常用的磨料有氧化物系、碳化物系和高硬磨料系3种。船上和工厂常用的是氧化铝砂轮和碳化硅砂轮。氧化铝砂轮磨粒硬度低(HV2000~HV2400)、韧性大,适用刃磨高速钢车刀。其中白色的叫作白刚玉,灰褐色的叫作棕刚玉。

碳化硅砂轮的磨粒硬度比氧化铝砂轮高(HV2800以上),性脆而锋利,并且具有良好的导热性和导电性,适用刃磨硬质合金。常用的是黑色和绿色的碳化硅砂轮,而绿色的碳化硅砂轮更适合刃磨硬质合金车刀。

2. 粒度

粒度表示磨粒大小的程度。以磨粒能通过每英寸长度上多少个孔眼的数字作为表示符号。例如,60粒度是指磨粒刚可通过每英寸长度上有60个孔眼的筛网。因此,数字越大,表示磨粒越细。粗磨车刀应选磨粒号数小的砂轮,精磨车刀应选号数大(即磨粒细)的砂轮。船上常用的粒度为46~60号的中软或中硬的砂轮。

3. 硬度

砂轮的硬度用于反映磨粒在磨削力作用下,从砂轮表面上脱落的难易程度。砂轮硬,表示表面磨粒难以脱落;砂轮软,表示表面磨粒容易脱落。砂轮的软硬和磨粒的软硬是两个不同的概念,必须区分清楚。刃磨高速钢车刀和硬质合金车刀时应选软或中软的砂轮。

综上所述,应根据刀具材料正确选用砂轮。刃磨高速钢车刀时,应选用粒度为46~60号的软或中软的氧化铝砂轮。刃磨硬质合金车刀时,应选用粒度为60~80号的软或中软的碳化硅砂轮,两者不能弄错。

六、练习与提高

1)简述刃磨时应注意的安全事项。

2)简述进行45°、75°车刀的正确刃磨。

项目二

加工轴类零件

在机器设备中,轴是非常重要的零件之一,对整个机器的运转起着重要的作用。轴的主要用途是定位、承载回转体零件以及传递运动和动力。轴类零件的长度一般大于其直径(图 2-1)。

轴类零件的加工是车削加工中最普遍也是最典型的加工内容,在生产实际中应用较广泛,它是车削加工的一项基础技能,也为学习其他车削技能、成为能工巧匠奠定基础。

▲图 2-1 轴类零件

任务一 认识轴类零件

一、任务目标

1)了解轴的分类。
2)认识和了解轴上各部分的名称。
3)能正确识读轴类零件图样。
4)一丝不苟、精益求精,安全文明生产。

二、任务资讯

(一)轴的分类

轴的分类见表 2-1。

▼ 表 2-1 轴的分类

类型	说　　明	图　　示
转轴	指在工作过程中既承受弯矩又传递扭矩的轴。转轴是应用最多，也是车削加工最多的轴	
传动轴	指在工作过程中只承受扭矩，不承受弯矩的轴	
心轴	指只承受弯矩但不传递扭矩的轴	
曲轴	指相对轴线产生偏移的发动机用重要零件，车削加工较难	

（二）轴的各部分名称

轴类零件一般由同心外圆柱面、圆锥面、内孔、螺纹及相应的端面等组成。车床上车削加工的轴多为阶梯轴，阶梯轴由轴颈、轴头和轴身构成。轴上面与轴承配合的一段称为轴颈；用来安装轮毂的一段称为轴头；轴颈与轴头之间的一段称为轴身。阶梯轴上截面突变处所形成的圆环平面称为轴肩；两轴肩之间环状的轴段称为轴环，如图 2-2 所示。

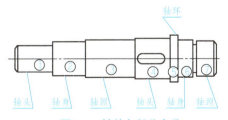

▲ 图 2-2 轴的各部分名称

(三)识读轴类零件图样

1)读标题栏。了解零件名称、材料、比例、图号等。
2)分析视图。了解零件视图表达方式,模拟、想象零件整体结构、形状。
3)分析尺寸。了解尺寸基准、尺寸公差及精度要求、几何公差要求、表面粗糙度要求等。
4)看技术要求。了解零件热处理要求、配合要求、未注倒角要求、去毛刺及倒钝要求等。

三、任务实施

【试一试】

根据表 2-1 的轴的分类,进入实训车间,联系生产实际。
1)整体认识并了解轴的分类及作用。
2)了解轴的各部分名称。
3)掌握轴类零件图的识读方法及步骤。
4)能正确识读轴类零件图样。

(一)零件图样

阶梯轴零件图如图 2-3 所示。

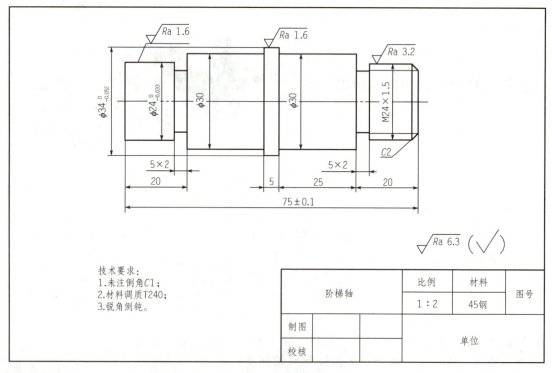

▲图 2-3 阶梯轴零件图

（二）识读轴类零件图

1. 读标题栏

如图 2-3 所示，从标题栏中可以知道此零件是一个阶梯轴，材料为 45 优质碳素结构钢，比例为 1∶2。

2. 分析视图

该零件图只有一个基本视图——主视图，轴线水平放置，能很清楚地表达零件的形状和结构。

3. 分析尺寸

从图 2-3 中可以看出，不同直径处的直径尺寸均以轴心为标注尺寸的基准；长度方向上以轴两端面为主要尺寸基准，阶梯轴的台阶面为尺寸辅助基准，对加工、测量都比较方便。

图上标有尺寸公差的尺寸都是重要尺寸。图中的上、下偏差都是极限偏差，合格零件的实际偏差应控制在极限偏差的范围内。例如，对于 $\phi 24_{-0.033}^{0}$ mm，$\phi 24$ 是公称尺寸，偏差是 $_{-0.033}^{0}$ mm，即直径为 23.967~24 mm 范围内均合格。这个尺寸允许的变动量是 0.033 mm，即尺寸公差。

尺寸精度和表面粗糙度有一定关系，$\phi 24$ 和 $\phi 34$ 外圆尺寸精度较高，表面粗糙度值就小。图样中 $\phi 24$ 和 $\phi 34$ 外圆表面粗糙度 Ra 的值为 1.6 μm，螺纹表面粗糙度 Ra 的值为 3.2 μm，其余表面粗糙度 Ra 的值为 6.3 μm。

M24×1.5 表示阶梯轴的最右端是公称尺寸为 24 mm、螺距是 1.5 mm 的普通细牙螺纹。5×2 表示退刀槽的宽度为 5 mm，深度为 2 mm。C2 代表倒角为 2×45°。

4. 看技术要求

技术要求中未注倒角均为 C1(1×45°)，T240 表示材料需要调质，硬度达到 HBS 230~HBS240，以获得较好的综合力学性能，零件锐角要倒钝。

四、任务评价

任务评价表见表 2-2。

▼表 2-2 任务评价表

序号	考核项目	考核内容及要求	配分	评分标准	检测结果	得分
1	轴的分类	正确了解轴的分类及作用	20	不符合要求酌情扣分		
2	轴的各部分名称	正确了解轴的各部分名称	20	不符合要求酌情扣分		
3	识读轴类零件图	掌握识读轴类零件图的方法及步骤，能正确识读轴类零件图样	40	不符合要求酌情扣分		

续表

序号	考核项目	考核内容及要求	配分	评分标准	检测结果	得分
4	工具设备的正确使用与维护	正确、规范使用工具、量具、刀具，合理保养及维护工具、量具、刀具	10	不符合要求酌情扣分		
		正确、规范使用设备，合理保养及维护设备				
		操作姿势、动作正确				
5	职业素养	安全文明生产，符合国家颁发的有关法规或企业自定的有关规定	10	一项不符合要求不得分，发生较严重安全事故取消考试资格		

五、相关资讯

（一）轴类零件的材料

轴类零件（图2-4）材料的选取，主要根据轴的强度、刚度、耐磨性以及制造工艺性而决定，力求经济、合理。

常用的轴类零件材料有35、45、50优质碳素钢，以45钢应用最为广泛。受载荷较小或不太重要的轴也可用Q235、Q255等普通碳素钢；受力较大、轴向尺寸、重量受限制或者某些有特殊要求的可采用合金钢。例如，40Cr合金钢可用于中等精度、转速较高的工作场

▲图2-4　轴类零件实图

合，该材料经调质处理后具有较好的综合力学性能；15Cr、65Mn等合金钢可用于精度较高、工作条件较差的情况，这些材料经调质和表面淬火后其耐磨性、耐疲劳强度性能都较好；在高速、重载条件下工作的轴类零件可选用20Cr、20CrMnTi、20Mn2B等低碳钢或38CrMoA1A渗碳钢，这些钢经渗碳淬火或渗氮处理后，不仅有很高的表面硬度，而且其心部强度也大大提高，因此具有良好的耐磨性、抗冲击韧性和耐疲劳强度性能。

球墨铸铁、高强度铸铁由于铸造性能好，且具有减振性能，常在制造外形结构复杂的轴中采用。尤其，我国研制的稀土——镁球墨铸铁，抗冲击韧性好，同时，还具有减摩、吸振，对应力集中敏感性小等优点，现已被广泛应用于制造汽车、拖拉机、机床上的重要轴类零件。

（二）轴类零件的毛坯

轴类零件的毛坯（图2-5）常见的有型材（圆棒料）和锻件。大型的、外形结构复杂的轴也可采用铸件。内燃机中的曲轴一般均采用铸件毛坯。

型材毛坯分为热轧或冷拉棒料，均适合于光滑轴或直径相差不大的阶梯轴。

锻件毛坯经加热锻打后，金属内部纤维组织沿表面分布，因而有较高的抗拉、抗弯及抗扭转强度，一般用于重要的轴。

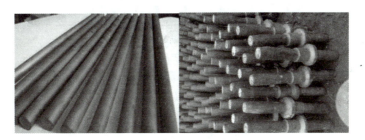

▲ 图 2-5 轴类零件毛坯实图

六、练习与提高

正确识读图 2-6 所示的轴类零件图。

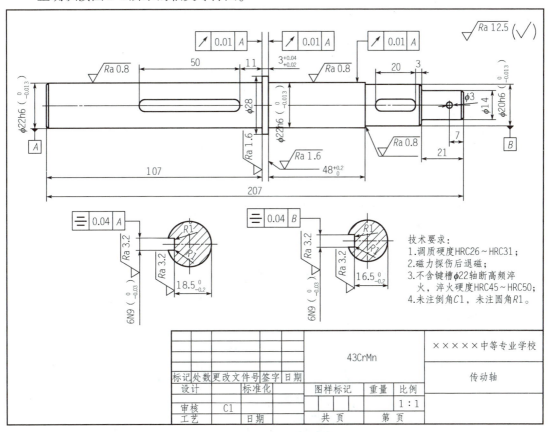

▲ 图 2-6 轴类零件图

1）该传动轴的材料是_____，比例是_____。

2）该传动轴的尺寸 φ20h6，h 表示_____，6 表示_____。

3）该传动轴的尺寸 φ22h6，轴径上极限偏差为_____，下极限偏差为_____，其最大极限值是_____。

4）3 处 ⌖ 0.01 A 分别表示_____。

5) ⌰ 0.04 B 该公差属于_____(几何、位置)公差,基准要素是_____,被测要素是_____,检验项目是_____,公差值是_____。

6) C1 表示_____,又可以表示为_____。

7) 该传动轴各表面的表面粗糙度分别是_____。

8) 描述该视图表达方案:_____。

任务二　轴类零件加工工艺分析

一、任务目标

1) 了解轴类零件各种装夹方法,能正确装夹轴类零件。
2) 了解车削轴类零件常用刀具及选择方法,能正确装夹刀具。
3) 能正确对轴类零件进行工艺分析。
4) 一丝不苟、精益求精,安全文明生产。

二、任务资讯

(一)装夹轴类零件

在实际生产过程中,轴类零件一般有卡盘装夹、一夹一顶装夹、双顶尖装夹等装夹方式。

轴类零件的装夹方式见表2-3。

▼表2-3　轴类零件的装夹方式

装夹方式		图示	特点
卡盘装夹	三爪卡盘装夹	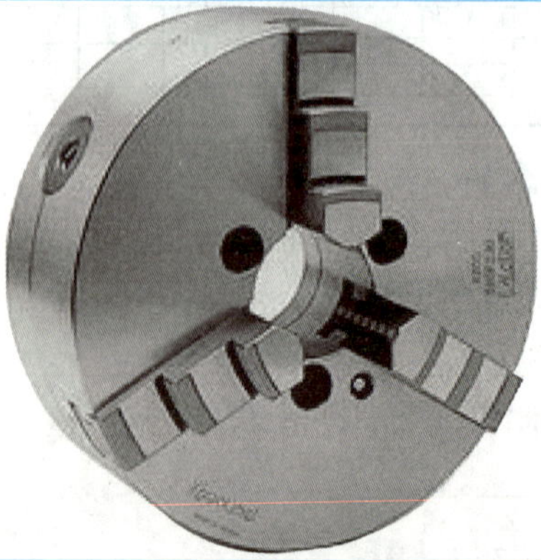	三爪卡盘又称为自定心卡盘,3个卡爪同步运动,具有自定心作用,一般不需找正工件中心,有正、反爪两种(反爪用来装夹直径较大的零件),装夹效率较高,但夹紧力不大,定心精度不高,适用于装夹外形规则的中、小型零件

续表

装夹方式		图　示	特　点
卡盘装夹	四爪卡盘装夹		四爪卡盘又称为单动卡盘，4个卡爪相互独立，只能单独移动，所以找正工件中心较麻烦，但夹紧力大，适用于装夹大型或形状不规则的零件
一夹一顶装夹			对于车削长度较长的轴，可以采用卡盘加顶尖一夹一顶的方法来装夹，即将轴的一端钻好中心孔后用顶尖顶上，另一端用三爪卡盘夹上，就可以进行加工了。此装夹方式刚度好，适用于较长轴类工件的粗、精加工
双顶尖装夹		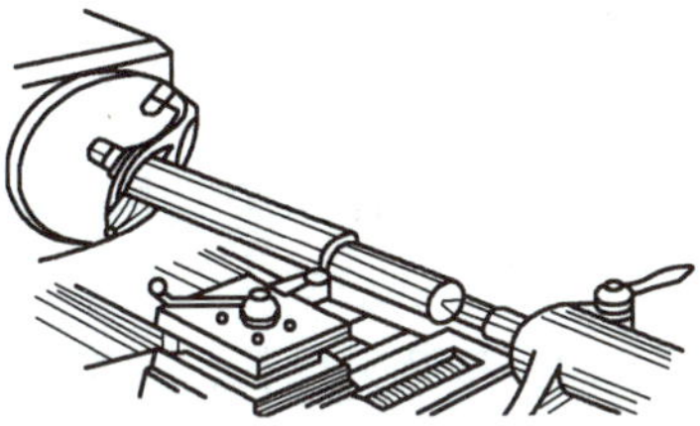	对于细长轴、丝杠等工件较长，或者需要多次装夹，且同轴度等几何公差要求较高的轴类零件，可以采用双顶尖装夹方式，具体方法是将前后顶尖顶住轴的两端，将鸡心夹头套在轴的一端并且固定在轴上。这种装夹方式加工精度较高，但刚性略差，适用于精度较高的较长轴类工件的精加工

(二)轴类零件常用刀具

车削轴类零件常用刀具主要有90°车刀、45°车刀、切槽(切断)刀等，见表2-4。

▼表2-4　车削轴类零件常用刀具

车刀种类	车刀外形图	车刀用途	车削加工示意图
90°车刀(偏刀)		车削工件的外圆、端面、台阶	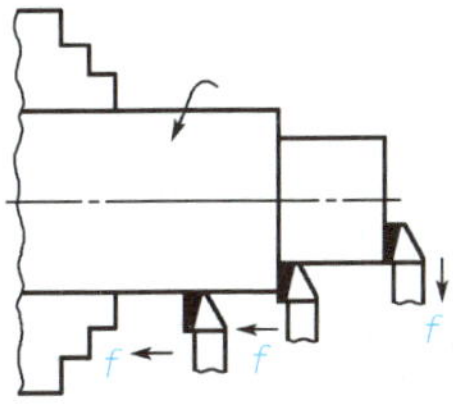

45

续表

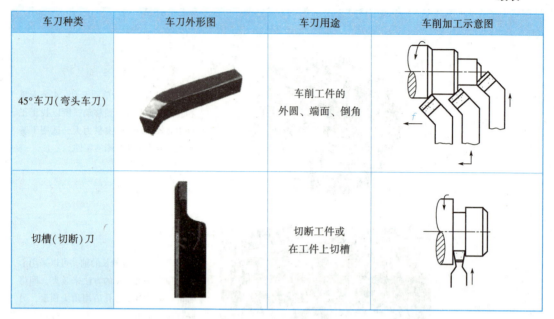

(三)轴类零件工艺分析

车削轴类工件时,一般应将粗、精加工分开进行。如果轴的毛坯尺寸余量较大,则应通过粗加工将过多的余量切去,以保证精加工能够顺利进行;同时还要考虑到轴的形状特点、技术要求、数量和工件的安装方法。

轴类零件的车削应注意以下几个方面:

1)轴类工件的定位基准一般选用中心孔。为了保证加工中心孔的质量,一般先车轴的端面,在端面上钻中心孔。

2)如果车削较短的轴,可以采用用卡盘直接装夹棒料,一次车成第一端,切断后调头再车另一端的办法来完成。

3)车削较长的轴时,须采用两顶尖装夹的方法,一般至少要装夹 3 次,即粗车第一端,调头再粗车和精车另一端,最后再精车第一端。

4)车削铸铁件时,最好用 45°车刀先倒角后再车削,以避免铸铁坚硬的外皮和型砂损坏车刀。

5)车削台阶轴时,为了避免过早地降低工件的刚性,一般应先车削直径较大的一端,然后再车削直径较小的一端。

6)如果工件车削后还需要进行磨削加工,只需要粗车和半精车,并且注意留有磨削余量。

7)在轴上车槽时,由于径向的切削力较大,所以最好在粗车和半精车之后、精车之前进行;但如果工件刚性较好或者精度要求不高,也可以在精车之后再车槽。

8)在轴上车削螺纹时,一般安排在半精车之后进行,螺纹车好后再精车各级外圆,这样做的目的是有效地避免车螺纹时由于切削力的原因而使轴发生弯曲,从而影响轴的精度。当然，如果轴的精度要求不高，也可以最后车削螺纹。

三、任务实施

▲【试一试】

（一）轴类零件的装夹

1. 三爪卡盘装夹轴类零件的操作步骤

1）关闭车床，主轴置于空挡位置。
2）夹持工件某一表面时，首先选择夹持部分，以保证零件各表面之间位置精度并留有足够加工余量，便于加工和测量。
3）如夹持已加工表面，一般在夹持部分包垫薄铜皮，再夹紧。
4）装夹时，应利用加力杆装夹，夹紧力要适当，防止将零件装夹变形。
5）零件装夹完成后，将卡盘扳手和加力杆放回原位。
6）在装夹较长零件或卡盘使用时间过长时，装夹也需要找正。

2. 四爪卡盘装夹轴类零件的操作步骤

1）关闭车床，主轴置于空挡位置。
2）根据工件装夹处的尺寸调整卡爪，并参考卡盘平面多圈同心圆线，使各卡爪位置与中心等距。
3）装夹方法与三爪卡盘装夹类似，只是零件装夹后要进行找正，找正步骤如下：

①找正外圆。如图 2-7（a）所示，先使划针尖靠近工件外圆表面，用手转动卡盘，观察工件表面与划针之间的间隙大小，然后根据间隙大小调整相对卡爪位置，其调整量为间隙差值的 1/2，调整到各处的间隙相等为止。

②找正端面。如图 2-7（b）所示，先使划针尖靠近工件平面边缘处，用手转动卡盘，观察划针与工件表面之间的间隙，调整时可用铜棒适度敲击，调整量等于间隙差值，调整到各处的间隙相等为止。

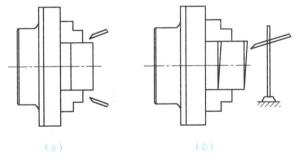

▲图 2-7　工件找正
(a)找正外圆；(b)找正端面

4）为了保护零件和导轨，可以在零件上包一层薄铜皮及在导轨上安放一块木板。这样就能杜绝零件出现夹痕和因零件不小心掉落而砸坏导轨等现象。

5）零件找正后，卡爪的夹紧力要大小一致，以防工件移位。

3. 一夹一顶装夹轴类零件的操作步骤

1) 工件一端车一小段限位台阶或在卡盘内放置限位支撑，另一端钻出合适中心孔。
2) 利用卡盘夹持工件台阶面，尾座后顶尖与中心孔配合，注意配合松紧合适。
3) 卡盘夹持部分不宜过长，以防重复定位，尾座后顶尖与中心孔配合不完全，产生摇晃，影响零件加工质量。
4) 调整尾座轴线，与主轴旋转轴线重合。
5) 在不影响车刀进刀的前提下，车床尾座套筒伸出长度尽量短些，以增加尾座套道的刚性。

4. 双顶尖装夹轴类零件的操作步骤

1) 工件两端钻出合适中心孔。
2) 零件一端安装鸡心夹头。
3) 利用拨盘装夹前顶尖或卡盘夹持顶尖，后顶尖与中心孔配合，注意配合松紧合适。
4) 调整尾座轴线，与主轴旋转轴线重合。
5) 在不影响车刀进刀的前提下，车床尾座套筒伸出长度尽量短些，以增加尾座套道的刚性。

加工前顶尖　　安装检验棒　　调整前测　　调整　　锥度调整后

（二）轴类零件刀具的装夹

轴类零件常用刀具的装夹步骤（图2-8）如下：

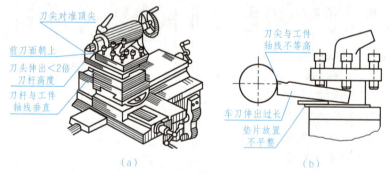

▲图 2-8　装夹车刀示意图
（a）正确；（b）错误

1) 关闭车床电源，将刀架尽量远离卡盘和工件，以防发生碰撞。
2) 车刀不要伸出太长，一般伸出长度为车刀刀杆厚度的1.5倍。
3) 刀杆中心线一般要与工件轴线垂直，以防影响刀具主、副偏角的大小。
4) 车刀刀尖应与工件中心等高，以防影响刀具前、后角的大小，从而影响切削加工质量。采用垫片来调整车刀刀尖高度时，垫片应对齐、平整，宜少不宜多，防止振动。车刀刀尖对中的方法如下：
①试切端面。
②使车刀刀尖与尾座顶尖等高。
③根据所操作车床的中心高，测量刀尖到中滑板的高度。
5）车刀应夹紧牢固，夹紧后扳手放至指定位置。

四、任务评价

任务评价表见表2-5。

▼表2-5 任务评价表

序号	考核项目	考核内容及要求	配分	评分标准	检测结果	得分
1	轴的装夹	掌握轴的装夹方式和步骤	20	不符合要求酌情扣分		
2	加工轴类零件刀具	了解加工轴的常用刀具及装夹步骤	20	不符合要求酌情扣分		
3	轴类零件工艺分析	掌握轴类零件工艺分析内容	40	不符合要求酌情扣分		
4	工具设备的正确使用与维护	正确、规范使用工具、量具、刀具，合理保养及维护工具、量具、刀具	10	不符合要求酌情扣分		
		正确、规范使用设备，合理保养及维护设备				
		操作姿势、动作正确				
5	职业素养	安全文明生产，符合国家颁发的有关法规或企业自定的有关规定	10	一项不符合要求不得分，发生较严重安全事故取消考试资格		

五、相关资讯

顶尖及中心孔

双顶尖装夹轴类零件时，前顶尖一般采用车床主轴锥孔装夹顶尖来定位工件［图2-9（a）］，也可采用卡盘装夹自制60°顶尖，装夹后再精加工60°锥面，确保同轴要求［图2-9（b）］，前顶尖工作时与工件一起旋转。后顶尖一般采用尾座装夹顶尖支撑并定位工件。

顶尖分为活动顶尖［图2-10（a）］和固定顶尖［图2-10（b）］两种。固定顶尖刚度好，精度高，定心准确，但它与工件中心孔摩擦大，容易产生过多热量进而损坏顶尖或中心孔，故常用于低速加工。活动顶尖内部有轴承，可转动，因此，可在高速状态下正常工作，但精度相对较低。

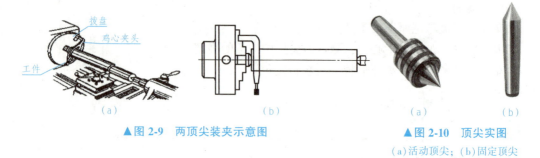

▲图 2-9 两顶尖装夹示意图　　　　　▲图 2-10 顶尖实图
(a)活动顶尖；(b)固定顶尖

用顶尖支顶工件时，必须在工件上预钻中心孔，中心孔利用相应的中心钻钻出。在车削加工中，常见的中心孔有以下 3 种类型。

1) A 型中心孔(不带 120°保护锥)：适用于精度要求一般的工件，如图 2-11(a)所示。
2) B 型中心孔(带 120°保护锥)：适用于精度较高工序较多的工件，如图 2-11(b)所示。

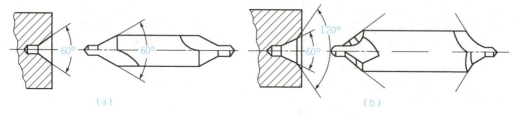

▲图 2-11 中心孔及中心钻示意图
(a)A 型；(b)B 型

3) C 型中心孔(带螺孔)：适用于将零件轴向固定的场合，如图 2-12 所示。

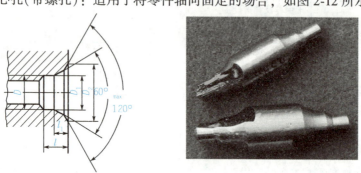

▲图 2-12 C 型中心孔及中心钻示意图

> ❋ 相关提醒
> 　　1)在装入前后顶尖时，应擦净主轴锥孔和尾座套筒；在使用固定顶尖时，还应在中心孔内加注润滑脂，以防温度过高，烧坏顶尖及零件。
> 　　2)在采用一夹一顶或双顶尖方式装夹工件时，其后顶尖的中心线必须与车床主轴轴线重合，否则零件加工产生锥度。

六、练习与提高

1) 简述轴类零件的装夹方法及步骤。
2) 简述加工轴类零件的常用刀具。
3) 轴类零件工艺分析的主要内容有哪些？

任务三　加工典型轴类零件

一、任务目标

1) 掌握外圆、端面的车削工艺方法，能独立加工外圆、端面。
2) 掌握台阶轴的车削工艺方法，能独立加工台阶轴。
3) 掌握车槽、切断的工艺方法，能独立车槽、切断。
4) 一丝不苟、精益求精，安全文明生产。

二、任务资讯

（一）车端面

车削工件时，往往采用工件的端面作为测量轴向尺寸的基准，必须先进行加工。这样，既可以保证车外圆时在端面附近是连续切削的，也可以保证钻孔时钻头与端面是垂直的（图 2-13）。

车端面刀具一般采用 90°车刀、45°车刀等，如图 2-13 所示。

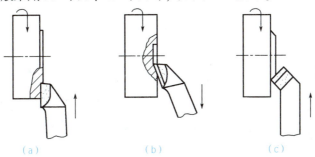

▲图 2-13　车端面示意图

(a) 90°车刀车端面；(b) 90°车刀由里向外车端面；(c) 45°车刀车端面

车端面的操作要领如下：

1）端面车刀在装夹时一定要与车床的主轴中心线等高，车刀高于主轴中心线会形成凸台，并且使车刀主后面与凸台产生摩擦，导致工件变形，无法完成加工项目；车刀低于主轴中心线也会形成凸台并且容易损坏刀尖。

2）选择合适的主轴转速，车床启动。

3）用手动方法开始车削，由于工件毛坯一般都有毛刺，因此，车削时先试切削（即让刀尖与工件端面稍稍接触一下），然决定切削深度，然后利用小滑板手柄或溜板箱上大手轮进行进刀，缓慢、均匀地转动中滑板手柄手动（或中滑板机动）进给进行车削。

4）当车刀进给至工件中心时，进给速度适当放缓，以防切屑损坏刀尖。

（二）车外圆

外圆车削是通过工件旋转和车刀的纵向进给运动来实现的，如图 2-14 所示。车外圆时为了保证切削深度的准确性，一般采取试切法。

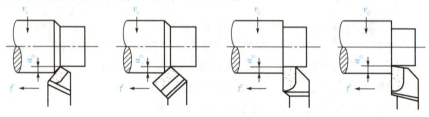

▲图 2-14　车外圆示意图

试切法，即在开始车削时让车刀的刀尖轻轻接触工件的外圆表面，此时记下中滑板刻度盘上的数字，然后退回车刀，再以上次的数字作为基准决定切削深度。

试切法车外圆的操作要领（图 2-15）如下：

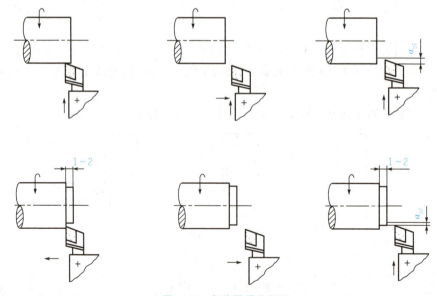

▲图 2-15　车外圆操作规程

1)启动车床,车刀刀尖轻轻接触工件外圆表面。
2)中滑板手柄不动,大手轮右向退刀。
3)根据中滑板刻度盘刻度进刀(粗加工,控制切削深度,留精加工余量)。
4)试切长度 1~2 mm。
5)中滑板手柄不动,大手轮右向退刀;停车测量。
6)根据测量结果和尺寸要求,调整切削深度,纵向进给加工外圆(精加工,保证尺寸精度和表面粗糙度要求),加工完成,退刀停车。

切削用量的选择方法见表 2-6。

▼表 2-6 切削用量的选择方法

加工阶段	选择方法	目的和意义
粗车	首先应选择一个尽可能大的背吃刀量,最好一次能将粗车余量切除,若余量太大无法一次切除,可分为 2 次或 3 次;其次选择一个较大的进给量;最后根据已选定的背吃刀量和进给量,在工艺系统刚度、刀具寿命和机床功率许可的条件下选择一个合理的切削速度	尽快将多余材料切除,提高生产率,同时兼顾刀具寿命
精车	背吃刀量是根据技术要求由粗车后留下的余量所确定的,一般情况下,精车时选取 a_p = 0.1~0.5 mm。若工件表面质量要求较高,可分几次进给完成,但最后一次进给的背吃刀量不得小于 0.1 mm。根据刀具材料选择,高速钢车刀应选较低的切削速度(v_c < 5 m/mm),硬质合金车刀应选较高的切削速度(v_c > 80 m/mm)	以保证工件加工质量为主,并兼顾生产率和刀具寿命

❋ 相关提醒

1)粗车的目的是切除大部分余量,只要刀具和机床性能许可。粗车时,切削速度可以大一些,以减少切削时间,提高工效。
2)精车的目的是保证零件的加工精度和表面质量。因此,精车时切削速度较大,进给量较小,背吃刀量较小。
3)车床转速要适宜,手动进给量要均匀。
4)切削时,先开车后进刀,切削完毕先退刀后停车。
5)停车后才能变速或检测工件。

(三)车台阶

车台阶其实是外圆和端面的综合加工,一般使用 75°右偏刀或 90°车刀,采用分层切削的方法进行,如图 2-16 所示。

车台阶的操作要领如下:
1)启动车床,车平端面,停车。
2)量出划线长度(划线长度不超过外圆长度),启动车床,利用刀尖在工件表面划线。
3)启动车床,采用试切法加工外圆至要求尺寸,车至划线处。

4)当最后一刀外圆车至划线处时,溜板箱大手轮不动,记下中滑板刻度盘刻度,中滑板退刀,停车。

5)保证长度尺寸。

①如加工低台阶(台阶高度小于5 mm),测量已加工长度尺寸,算出长度余量,启动车床,转动中滑板手柄将刀尖移至最后一刀车外圆时的中滑板刻度处,利用小滑板手柄进刀,切除长度余量,中滑板退刀,车出台阶的端面,保证长度尺寸。

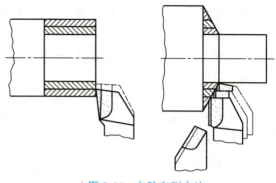

▲图2-16　台阶车削方法

②如加工高台阶,测量已加工长度尺寸,算出长度余量,利用小滑板手柄进刀(可分层切削),控制工件长度。启动车床,转动中滑板手柄进行切削,切至最后一刀车外圆时的中滑板刻度处,再反向转动小滑板手柄,直至无铁屑出现,中滑板退刀,车出台阶的端面,保证长度尺寸。

(四)台阶的测量

外圆表面直径可用游标卡尺或外径千分尺直接测量(图2-17)。台阶长度可用钢直尺、游标卡尺测量,对于长度要求精确的台阶可用深度尺来测量(图2-18)。

▲图2-17　检测外圆尺寸示意图

▲图2-18　检测台阶长度示意图

(五)切断

切断以横向进给为主,切断刀前端的切削刃是主切削刃,两侧的切削刃是副切削刃。矩形切槽刀和切断刀的几何形状基本相似。

1. 装夹切断刀的操作要领

装夹切断刀的操作要领如下:

1)关闭车床电源,将刀架尽量远离卡盘和工件,以防发生碰撞。

2)切断刀伸出不宜太长(一般比工件半径长5 mm左右),否则容易产生振动和损坏刀具。

3)切断刀的中心线与工件中心线垂直,保证两个副偏角对称。

4)切断实心工件时,切断刀的主切削刃必须对准工件中心,否则不能车到中心,而且容易崩刃,甚至折断刀具。

5)切断刀的底平面应平整,保证两个副后角对称。

6)切断刀应用刀架扳手夹紧牢固,用完扳手应归位。

2. 切断的方法

(1)直进法

直进法[图 2-19(a)]指垂直于工件轴线方向进行切断。这种方法效率高,但此方法对车床、切断刀的刃磨和安装都有较高的要求,否则容易造成刀头折断。

(2)左右借刀法

在切削系统(刀具、工件、车床)刚性不足的情况下,可采用左右借刀法[图 2-19(b)]切断,切断刀在轴线方向反复地往返移动,随之两侧径向进给,直至工件切断。

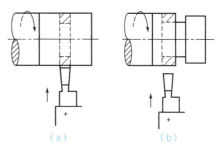

▲图 2-19 切断方法
(a)直进法;(b)左右借刀法

3. 切断的操作要领

切断的操作要领如下:

1)量取合适的切断位置,保证切断长度。

2)选择合适的主轴转速,车床启动。

3)用手动方法开始横向进给切断,加注切削液,切削速度比车外圆时略高,进给量比车外圆时略低,切断时用力要均匀并且不停顿。即将切断时,速度要放慢,以免折断刀头。

> **相关提醒**
>
> 1)切断处应尽量靠近卡盘,以保证切断时工件和刀具有足够的刚性和强度,必要时可以采用后顶尖辅助支撑工件,提高刚性。
>
> 2)切断时,要注意排屑是否流畅,如有堵塞现象,及时退刀清除铁屑。
>
> 3)保证切削液及时冷却刀具和工件。

(六)车外沟槽

1. 装夹车槽刀的操作要领

装夹车槽刀的操作要领如下:

1)关闭车床电源,将刀架尽量远离卡盘和工件,以防发生碰撞。

2)切槽刀伸出不宜太长(一般比工件槽深长 5 mm 左右),否则容易产生振动和损坏刀具。

3)切槽刀的中心线与工件中心线垂直,保证两个副偏角对称。

4)切槽刀的主切削刃必须对准工件中心,同时必须与车床主轴中心线平行,否则槽底部车不平。

5)切槽刀的底平面应平整,保证两个副后角对称。

6)切槽刀应用刀架扳手夹紧牢固,用完扳手应归位。

2. 切槽的方法

宽度为 5 mm 以下的窄槽,可用与槽等宽的车槽刀一次车出;较宽的槽可以用左右借刀车端面,分次完成;精度要求较高的沟槽,可采取两次直进法车削,即第一次车槽时注意槽壁两侧留有精车余量,然后再根据槽深槽宽进行精车,如图 2-20 所示。

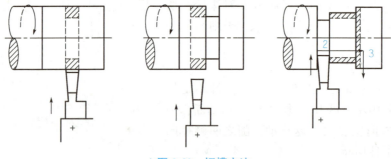

▲图 2-20 切槽方法

3. 切槽的操作要领

切槽的操作要领如下:

1)量取合适的切槽位置。

2)选择合适的主轴转速,车床启动。

3)横向进给切槽,加注切削液,切削速度比车外圆时略高,进给量比车外圆时略低,切槽时用力要均匀,及时测量并利用小滑板手柄控制槽的位置及槽宽,利用中滑板手柄控制槽深。

> **相关提醒**
> 1)切槽处应尽量靠近卡盘,以保证切槽时工件和刀具有足够的刚性和强度,必要时可以采用后顶尖辅助支撑工件,提高刚性。
> 2)切槽时,要注意排屑是否流畅,如有堵塞现象,及时退刀清除铁屑。
> 3)保证切削液及时冷却刀具和工件。

三、任务实施

▲【试一试】

轴类零件图如图 2-21 所示。

项目二　加工轴类零件

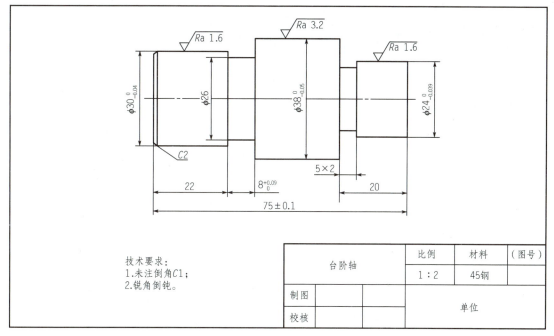

▲图 2-21　轴类零件图

（一）准备工作

1）调整主轴转速，车床润滑部分加油润滑，检查车床各部分结构是否完好。
2）检查刀具、工具、量具是否齐全，整齐放至指定位置。
3）熟悉图样，检查毛坯是否符合图样要求。
刀具、量具、工具及毛坯规格见表 2-7。

▼表 2-7　刀具、量具、工具及毛坯规格

项目	规　格
刀具	45°、90°外圆车刀，4 mm 宽度切槽刀
量具	游标卡尺（0~150 mm）、外径千分尺（0~25 mm、25~50 mm）
工具	卡盘扳手、刀架扳手、垫片等
毛坯	$\phi 40\times 78$ mm

（二）装夹零件、刀具

1）利用三爪卡盘装夹零件毛坯。
2）装夹刀具，注意刀具伸出长度、刀尖高度等。

（三）零件加工

零件加工步骤见表 2-8。

▼ 表 2-8 零件加工步骤

序号	加工内容	加工示意图
1	找正装夹零件(装夹长度 30 mm)	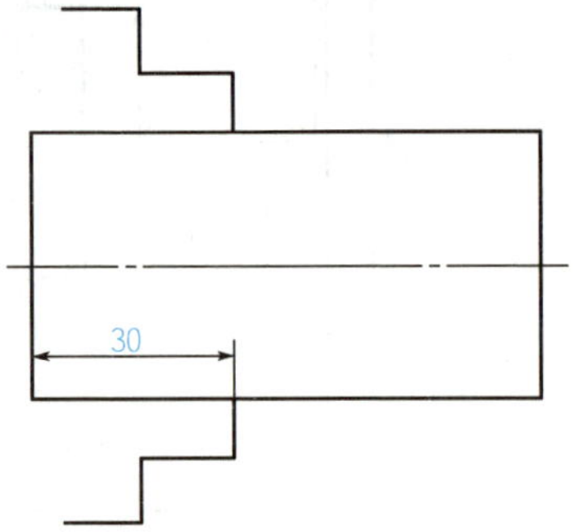
2	车平端面,划线 28 mm,粗精加工外圆 $\phi 30$ 至尺寸要求	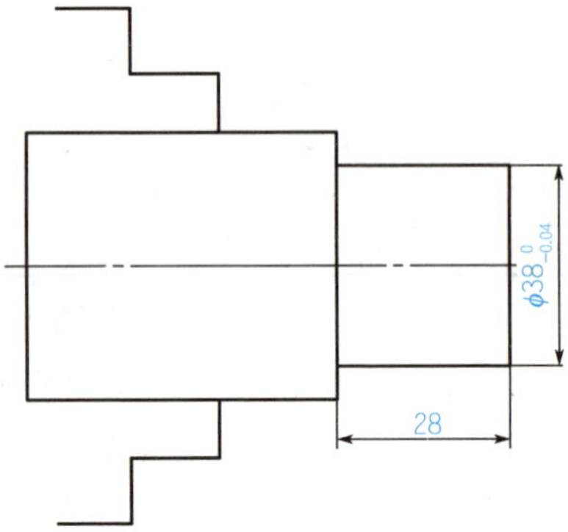
3	切槽,保证 22 mm、8 mm、$\phi 26$ 尺寸要求	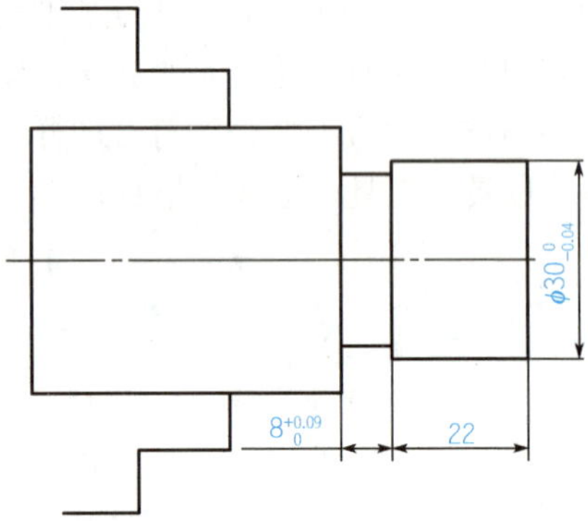
4	倒角 C2,锐角倒钝,检查各部分尺寸是否符合图样要求	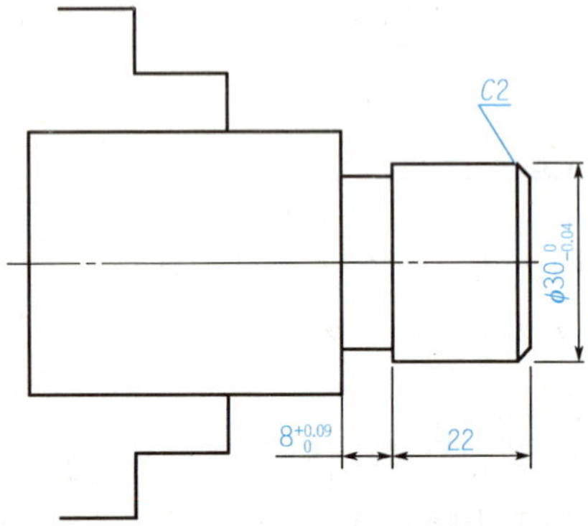

续表

序号	加工内容	加工示意图
5	调头,找正装夹零件(薄铜皮包裹 $\phi30$ 外圆,装夹长度 22 mm)	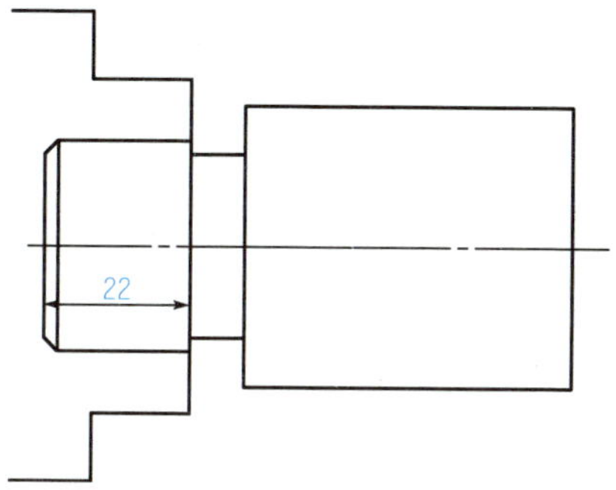 (22)
6	车端面,保证总长 75 mm 至尺寸要求	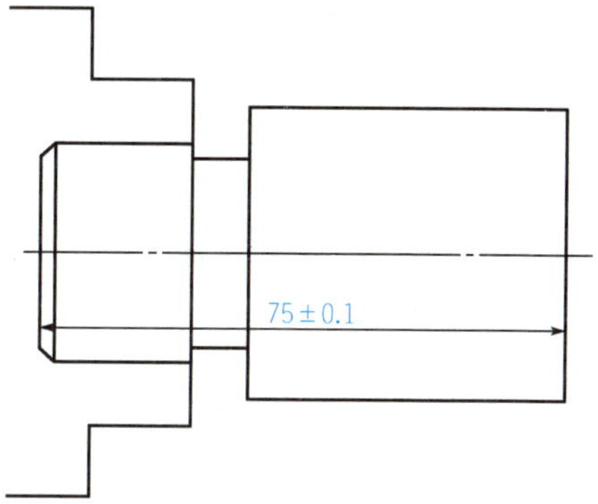 (75 ± 0.1)
7	粗、精加工外圆 $\phi38$ 至尺寸要求,长度车至靠卡爪处	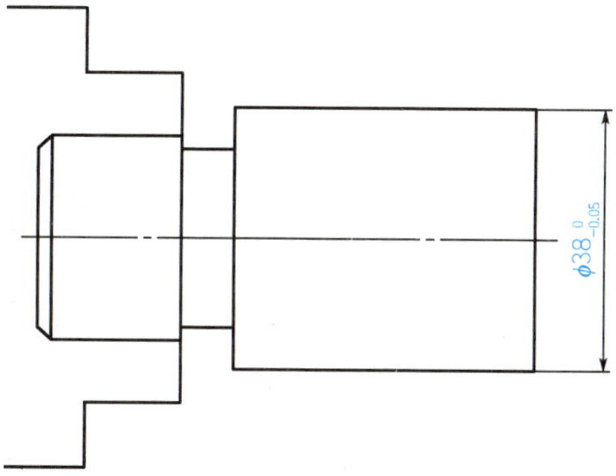 ($\phi38_{-0.05}^{0}$)
8	划线 19 mm,粗、精加工外圆 $\phi24$ 至尺寸要求	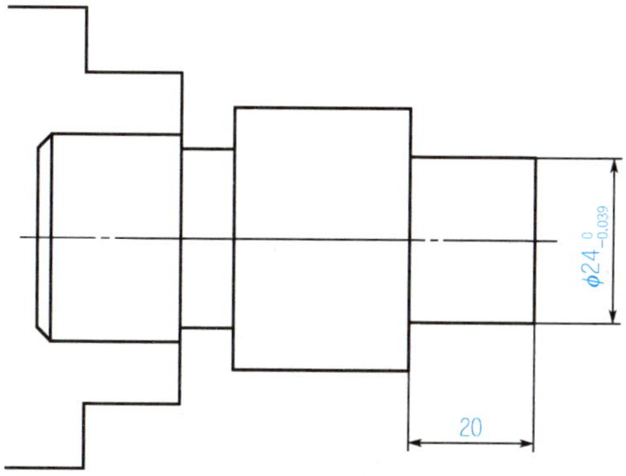 ($\phi24_{-0.089}^{0}$, 20)

续表

序号	加工内容	加工示意图
9	切槽，保证长度 20 mm、5 mm×2 mm	
10	锐角倒钝，检查各部分尺寸是否符合图样要求	—
11	卸下零件，清除切屑，车床清洁、保养	—
12	分类整理工、量、刀具、车间卫生保洁	—

四、任务评价

任务评价表见表 2-9。

▼表 2-9 任务评价表

序号	考核项目	考核内容及要求	配分	评分标准	检测结果	得分
1	外圆	$\phi 38_{-0.05}^{0}$ mm	10	超差 0.01 mm 扣 2 分		
2		$\phi 30_{-0.04}^{0}$ mm	10	超差 0.01 mm 扣 2 分		
3		$\phi 24_{-0.039}^{0}$ mm	10	超差 0.01 mm 扣 2 分		
4		$\phi 26$	4	超差不得分		
5	长度	(75±0.1) mm	6	超差不得分		
6		$8_{0}^{+0.09}$ mm	6	超差 0.01 mm 扣 2 分		
7		20 mm	4	超差不得分		
8		22 mm	4	超差不得分		
9	表面粗糙度	$Ra1.6\ \mu m$ 两处	8	超差不得分		
10		$Ra3.2\ \mu m$ 一处	3	超差不得分		
11	其他	5 mm×2 mm	8	超差不得分		
12		C2	4	超差不得分		
13		锐角倒钝	3	超差不得分		

续表

序号	考核项目	考核内容及要求	配分	评分标准	检测结果	得分
14	工具设备的正确使用与维护	正确、规范使用工具、量具、刀具，合理保养及维护工具、量具、刀具	10	不符合要求酌情扣分		
		正确、规范使用设备，合理保养及维护设备				
		操作姿势、动作正确				
15	职业素养	安全文明生产，符合国家颁发的有关法规或企业自定的有关规定	10	一项不符合要求不得分，发生较严重安全事故取消考试资格		

五、相关资讯

台阶轴常用测量工具

（一）游标卡尺

游标卡尺是车工应用最多的通用量具。其测量范围有 0~150 mm、0~200 mm、0~300 mm 等，测量精度有 0.02 mm 和 0.05 mm 两个等级。游标卡尺的结构如图 2-22 所示。游标卡尺的测量方法如图 2-23 所示。

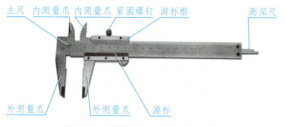

▲图 2-22 游标卡尺的结构示意图

游标卡尺的使用步骤如下：

1) 擦拭干净零件被测表面和游标卡尺的测量爪。

2) 校对游标卡尺的零位，若零位不能对正，记下此时数值，将零件的各测量数据减去该数值即可。

3) 测量时，移动游标并使量爪与工件被测表面保持良好接触，卡脚应和测量面贴平，以防卡脚歪斜造成测量误差。

4) 测量时，使测量面与工件轻轻接触，切不可预先调好尺寸硬卡工件。测量力要适当，测量力过大，会造成尺框倾斜，产生测量误差；测量力太小，卡尺与工件接触不良，使测量尺寸不准确。

5) 读数前，应明确所用游标卡尺的测量精度；读数时，先读出游标零线左边在尺身上

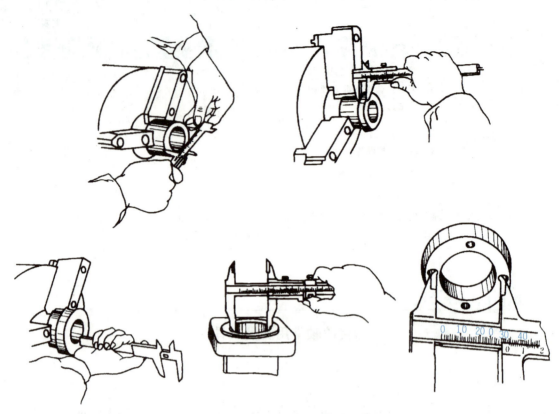

▲图 2-23 游标卡尺的测量方法示意图

的整数毫米值；然后接着在游标卡尺上找到与尺身刻线对齐的刻线，在游标的刻度尺上读出小数毫米值；最后再将上面两项读数相加，即为被测表面的实际尺寸，如图 2-24 所示。

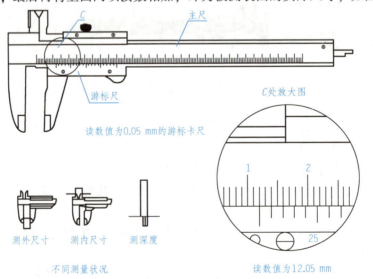

▲图 2-24 游标卡尺读数示意图

6) 取下游标卡尺时，应把紧固螺钉拧紧，以防尺寸变动，影响读数准确性。

（二）外径千分尺

外径千分尺是生产中常用的一种精密量具。其测量范围有 0～25 mm、25～50 mm、50～75 mm、75～100 mm 等，它的测量精度一般为 0.01 mm。

外径千分尺的结构如图 2-25 所示。

外径千分尺的使用步骤如下：

1）擦拭干净零件被测表面和千分尺的测量面。

2）校对千分尺的零位，即检查微分筒上的零线和固定套筒上的零线基准是否对齐，测量值中要考虑到零件不准的示值误差，并加以校正。

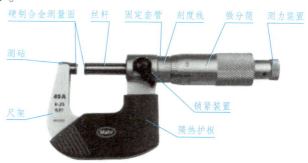

▲图 2-25 外径千分尺的结构

3）测量时，先读出微分筒左面固定套筒上露出的刻线整数及半毫米值；再找出微分筒上哪条刻线与固定套筒上的轴向基准线对准，读出尺寸的毫米小数值；最后将上面两项读数相加，即为被测表面的实际尺寸。

外径千分尺使用时的注意事项如下：

1）外径千分尺是一种精密量具，使用时应小心谨慎，动作轻缓，以防碰撞。千分尺内有精密的细牙螺纹，使用时要注意以下事项：

①微分筒和测力装置在转动时不能过分用力。

②当转动微分筒带动活动测头接近被测工件时，一定要改用测力装置旋转并接触被测工件，不能直接旋转微分筒测量工件。

③当活动测头与固定测头卡住被测工件或锁住锁紧装置时，不能强行转动微分筒。

2）外径千分尺的尺架上装有隔热装置，以防手温引起尺架膨胀造成测量误差，所以测量时，应手握隔热装置，尽量减少手和千分尺金属部分的接触。

3）外径千分尺使用完毕后，应用布擦拭干净，在固定测头和活动测头的测量面间留出空隙，放入盒中。如长期不使用，可在测量面上涂上防锈油，置于干燥处。

六、练习与提高

1）车削端面和外圆的操作要领有哪些？

2）车削台阶、切槽（切断）的操作要领有哪些？

3）简述车削台阶轴的加工步骤。

4）车削轴类零件的安全文明生产事项有哪些？

任务四　轴类零件质量检测

一、任务目标

1）了解轴类零件的检测工具及检测方法。
2）掌握轴类零件的车削加工工艺及质量分析。
3）一丝不苟、精益求精，安全文明检测，树立质量意识。

二、任务资讯

（一）轴类零件的检测工具

对于轴类零件，检测项目一般包括尺寸、几何公差、表面粗糙度等项目。

1. 尺寸

轴类零件的尺寸检测一般主要检测外径、长度以及槽的宽度及深度。常用的检测工具有普通游标卡尺、深度游标卡尺、外径千分尺和钢直尺。对于精度要求不高的轴，长度可用钢直尺测量，外径可用普通游标卡尺测量；对于精度要求较高的轴，长度可用深度游标卡尺测量，外径可用外径千分尺来测量。

2. 几何公差

轴类零件的几何公差检测一般主要检测圆度、圆柱度、同轴度、垂直度以及圆跳动公差等。常用的检测工具有杠杆百分表、V形架、检验平板、偏摆仪等。

3. 表面粗糙度

检测轴类零件的表面粗糙度常用的检测工具有表面粗糙度比较样板、表面粗糙度测量仪等。

（二）轴类零件的车削加工工艺

车削轴类工件时，一般应将粗、精加工分开进行。如果轴的毛坯尺寸余量较大，则应通过粗加工将过多的余量切去，以保证精加工能够顺利进行；同时还要考虑到轴的形状特点、技术要求、数量和工件的安装方法。

轴类零件的车削应注意以下几个方面：

1）轴类工件的定位基准一般选用中心孔。为了保证加工中心孔的质量，一般先车削轴的端面，在端面上钻中心孔。

2）如果车削较短的轴，可以采用卡盘直接装夹棒料，一次车成第一端，切断后调头再车另一端的办法来完成。

3）车削较长的轴时，须采用两顶尖装夹的方法，一般至少要装夹 3 次，即粗车第一端，调头再粗车和精车另一端，最后再精车第一端。

4）车削铸铁零件时，最好用 45°车刀先倒角后再车削，以避免铸铁坚硬的外皮和型砂损坏车刀。

5）车削台阶轴时，为了避免过早地降低工件的刚性，一般应先车削直径较大的那一端，然后再车削直径较小的那一端。

6）如果工件车削后还需要进行磨削加工，只需要粗车和半精车，并且注意留有磨削余量。

7）在轴上车槽时，由于径向的切削力较大，所以最好在粗车和半精车之后、精车之前进行；但如果工件刚性较好或者精度要求不高，也可以在精车之后再车槽。

8）车削轴上的螺纹一般安排在半精车之后进行，螺纹车好后再精车各级外圆，这样做的目的是有效地避免车螺纹时由于切削力的原因而使轴发生弯曲，从而影响轴的精度。当然，如果轴的精度要求不高，也可以最后车削螺纹。

（三）轴类零件的质量分析

车削轴类零件时，一般常见的质量问题有以下几种：

1）轴的圆度超差。
2）轴的圆柱度超差。
3）轴的尺寸精度达不到图样要求。
4）轴的表面粗糙度达不到图样要求。

三、任务实施

【试一试】

（一）轴类零件的检测方法

1）尺寸检测（略）。
2）几何公差检测。
①圆度检测：利用百分表测量轴类零件回转表面横截面上的实际轮廓圆与理想轮廓圆的误差值，如图 2-26 所示。
②圆柱度检测：利用百分表测量轴类零件回转表面的实际圆柱与理想圆柱的误差值，如图 2-27 所示。

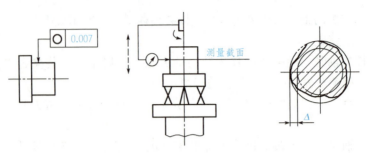

▲图 2-26 圆度检测示意图

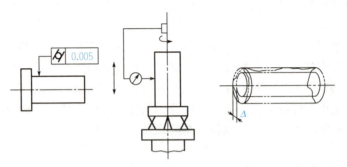

▲图 2-27 圆柱度检测示意图

③同轴度检测：利用 V 形架和百分表测量轴类零件被测回转表面轴线相对于基准轴线同轴的误差值，如图 2-28 所示。

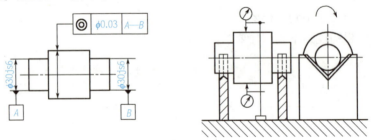

▲图 2-28 同轴度检测示意图

④垂直度检测：主要测量端面相对于轴线的垂直度。利用 V 形架和百分表测量轴类零件被测端面相对于基准轴线的垂直度误差值，如图 2-29 所示。

⑤圆跳动公差检测：圆跳动公差检测主要采用偏摆仪。偏摆仪主要用于测量轴类零件径向圆跳动误差，利用两顶尖定位轴类零件，转动被测零件一周，百分表读数的最大差值即端面圆跳动公差，如图 2-30 所示。

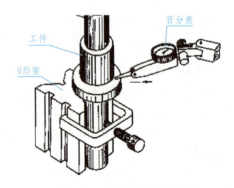

▲图 2-29 垂直度检测示意图

3)表面粗糙度检测。表面粗糙度比较样板(图2-31)是用比较法检测零件表面粗糙度的一种量具,根据实际生产情况,采用目视(放大镜)比较法检测。

采用表面粗糙度测量仪(图2-32)测量时,将测量仪传感器在零件表面上等速滑动,测量结果在液晶显示器上读出。

▲图2-30 圆跳动检测示意图

▲图2-31 表面粗糙度比较样板

▲图2-32 表面粗糙度测量仪

(二)质量检测与控制

为了保证轴的加工质量,必须对产生质量问题的原因进行分析,并采取有效的预防措施。

1)圆度超差的产生原因及预防措施。

①车床主轴与轴承套的间隙过大。预防的方法是在车削前,要检查主轴间隙并进行调整;如果轴承磨损,就要及时更换轴承。

②毛坯余量不均匀导致在切削过程中切削深度不均匀。预防的方法是先粗车再精车。

③用顶尖装夹工件时,中心孔与顶尖接触不良,或顶得不紧,或前后顶尖产生径向圆跳动。预防的方法是用顶尖装夹工件时,注意松紧适当;如果两顶尖产生径向圆跳动,必须及时修理。

2)圆柱度超差的产生原因及预防措施。

①用顶尖装夹工件时,后顶尖轴线与车床主轴轴线不同轴会造成圆柱度超差。预防的方法是车削前认真找正后顶尖,使后顶尖与主轴在一条轴线上。

②用卡盘装夹轴类工件车削时,如果产生锥度,是由于床身导轨与主轴轴线不平行所致。预防的方法是调整床身导轨与主轴轴线的平行度即可;用小滑板车外圆时,如果小滑板位置不正,小滑板刻线未对准准中滑板的"0"线位置,也会产生锥度问题。

③装夹工件时悬伸在卡盘外的部分过长,车削时由于车刀径向切削力的影响而造成圆柱度超差。预防的方法是尽量减少工件悬伸长度,或用顶尖支撑,或用中心架、刀架支撑,以增加工件刚性。

④车刀在车削轴类工件过程中逐渐磨损也会造成圆柱度超差。预防的方法是根据工件材料选择合适的刀具和切削速度。

3)尺寸精度达不到图样要求的产生原因及预防措施。

①在切削过程中，看错图样或使用刻度盘不当，或没有进行试切削，会造成尺寸精度达不到要求。预防的方法是看清图样，正确使用刻度盘，加工前根据加工余量进行试切削。

②在切削过程中，由于刀具和工件发热而使工件尺寸发生变化。预防的方法是及时浇注切削液，以降低工件和刀具温度；在工件完全冷却后再测量。

③测量方法不正确，或量具有误差，或计算尺寸有误，或机动进给未及时停车，也会造成尺寸精度达不到要求。预防的方法是正确使用合格的量具，认真计算工件各部分的尺寸，精车前注意留有余量，机动进给时根据尺寸要求应及时停车。

4）表面粗糙度达不到要求的产生原因及预防措施。

①车床刚性不足，例如，滑板太松，传动零件老化松动；车刀伸出太长，刚性不足；工件刚性不足等都会引起振动，从而导致工件表面粗糙度达不到要求。预防的方法是及时更换车床老化的零件，调整车床各部分间隙，正确装夹车刀，保证车刀有足够的刚性；增加工件的装夹刚性。

②车刀刃磨的角度不合理，如前角、后角、主偏角过小，或切削用量选择不适当也会导致表面粗糙度达不到要求。预防的方法是正确刃磨车刀，合理选择车刀角度；车削时，进给量不要过大，精车余量要留得适当，根据工件要求选择合适的切削速度。

四、任务评价

任务评价表见表 2-10。

▼表 2-10 任务评价表

序号	考核项目	考核内容及要求	配分	评分标准	检测结果	得分
1	尺寸检测	掌握尺寸检测工具的使用及检测方法	20	不符合要求酌情扣分		
2	几何公差检测	掌握几何公差检测工具的使用及检测方法	20	不符合要求酌情扣分		
3	表面粗糙度检测	掌握表面粗糙度检测工具的使用及检测方法	10	不符合要求酌情扣分		
4	车削加工工艺	掌握轴类零件车削加工工艺	10	不符合要求酌情扣分		
5	质量分析及控制	能对轴类零件进行质量分析及控制	20	不符合要求酌情扣分		

续表

序号	考核项目	考核内容及要求	配分	评分标准	检测结果	得分
6	工具设备的正确使用与维护	正确、规范使用工具、量具、刀具，合理保养及维护工具、量具、刀具	10	不符合要求酌情扣分		
		正确、规范使用设备，合理保养及维护设备				
		操作姿势、动作正确				
7	职业素养	安全文明生产，符合国家颁发的有关法规或企业自定的有关规定	10	一项不符合要求不得分，发生较严重安全事故取消考试资格		

五、相关资讯

三坐标测量仪简介

三坐标测量仪（图2-33）又称为三坐标测量机或三坐标量床，是在一个六面体的空间范围内，能够表现几何形状、长度及圆周分度等测量能力的仪器。三坐标测量仪可定义为"一种具有可做3个方向移动的探测器，可在3个相互垂直的导轨上移动，此探测器以接触或非接触等方式传送信号，3个轴的位移测量系统（如光学尺）经数据处理器或计算机等计算出工件的各点坐标（X，Y，Z）及各项功能测量的仪器"。三坐标测量仪的测量功能应包括尺寸精度、定位精度、几何精度及轮廓精度等，应用于产品设计、模具装备、齿轮测量、叶片测量、机械制造、工装夹具、汽模配件、电子电器等精密测量。

▲图2-33 三坐标测量仪

（一）应用领域

三坐标测量仪的应用领域如下：
1）测量高精度的几何零件和曲面。
2）测量复杂形状的机械零部件。
3）检测自由曲面。
4）可选用接触式或非接触式测头进行连续扫描。

（二）测量项目

三坐标测量仪的测量项目如下：

1)几何元素的测量：包括点、线、面、圆、球、圆柱、圆锥等。

2)形位公差的测量：包括直线度、平面度、圆度、圆柱度、垂直度、倾斜度、平行度、位置度、对称度、同心度等。

三坐标测量仪属于精密测量仪器，在实际生产中的应用越来越广。目前使用较广的有海克斯康、蔡司、马尔、尼康、三丰等品牌。

"中国第一打磨工"
——洪家光

六、练习与提高

1)简述轴类零件几何公差检测工具及方法。

2)轴类零件车削加工工艺有哪些？

3)简述轴类零件的质量控制方法。

项目三

加工套类零件

套类零件是机械中常见的一种带有内孔的零件,一般用于支撑和连接配合,如各种轴承套和与轴配合的孔等。作为配合的孔一般都要求较高的尺寸精度(IT7~IT8)、较小的表面粗糙度($Ra2.5 \sim 0.2 \mu m$)和较高的几何公差。图3-1所示为典型套类零件。

▲图3-1 典型套类零件

任务一 认识套类零件

一、任务目标

1)了解套类零件的功能及基本特点。
2)了解套类零件的技术要求。
3)能识读套类零件图。
4)培养学生严谨、细致的工作态度。

二、任务资讯

（一）套类零件的结构特点、功能及种类

在结构上，套类零件通常由外圆、内孔、端面及台阶沟槽等组成，如图 3-2 所示。套类零件的主要表面是内、外圆柱面，且它们有着较高的同轴度要求。套类零件的结构特点是壁厚较小，易产生变形，轴向尺寸一般大于外圆直径。

▲图 3-2　套类零件

在机械产品中，套类零件的功能为支承和（或）导向，即主要作为旋转零件（轴）的支承，并在工作中主要承受轴的径向力，如车床的光杆、丝杠两端支架内的衬套等。

根据套类零件的功能，可将其分为 3 类，见表 3-1。

▼表 3-1　套类零件的分类

类型	说明	图例
轴承类	起支承作用，支承轴及轴上零件，承受回转部件的重力和惯性力，如滑动轴承	
导套类	起导向作用，引导与导套内孔相配合的零件或刀具的运动，如导套、钻套等	
缸套类	既起到支承作用，又起导向作用，如油缸、气缸（套）对活塞起支承作用，承受较高的工作压力，并对活塞的轴向往复运动导向	

(二)识读套类零件图样

1)读标题栏:了解零件名称、材料、比例、图号等。
2)分析视图:了解零件视图表达方式,模拟、想象零件整体结构形状。
3)分析尺寸:了解尺寸基准、尺寸公差及精度要求、几何公差要求、表面粗糙度要求等。
4)看技术要求:了解零件热处理要求、配合要求、未注倒角要求、去毛刺及倒钝要求等。

三、任务实施

1)熟悉的 CA6140 型车床上存在着较多的套类零件,请大家开动脑筋,找一找。
2)认识图 3-3 所示的典型套类零件。

▲图 3-3 典型套类零件
(a)轴套;(b)钻套;(c)导套;(d)衬套

3)正确识读套类零件图样。轴承套类零件图如图 3-4 所示。
①读标题栏。从标题栏中可以知道此零件是一个轴承套,材料为 45 优质碳素结构钢,比例为 1:1。
②分析视图。该零件图只有一个基本视图——主视图,轴线水平放置,能很清楚地表达零件的形状和结构。
③分析尺寸。该轴承套属于短套筒。$\phi 34js7$ 外圆对 $\phi 22H7$ 孔的径向圆跳动公差为 0.01 mm;左端面对 $\phi 22H7$ 孔轴线的垂直度公差为 0.01 mm。轴承套外圆为 IT7 级精度,采用精车可以满足要求;内孔精度也为 IT7 级。
④看技术要求。所有加工表面不得用锉刀或砂布修饰,未注倒角均为 $C1(1\times 45°)$。
必须指出,以上步骤只是看图时要注意的几个方面。在实际看图过程中,不必机械照搬,而要前后联系,互相补充,突出重点进行分析。

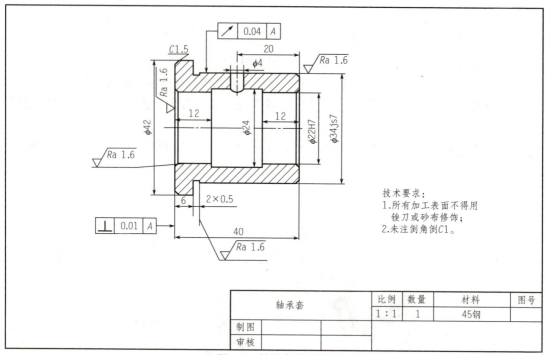

▲图 3-4 轴承套类零件图

四、任务评价

任务评价表见表 3-2。

▼表 3-2 任务评价表

序号	考核项目	考核内容及要求	配分	评分标准	检测结果	得分
1	套类零件的分类	正确了解套类零件的分类及作用	20	不符合要求酌情扣分		
2	认识套类零件	正确说出常见套类零件的名称	20	不符合要求酌情扣分		
3	识读套类零件图	掌握识读套类零件图的方法及步骤，能正确识读套类零件图样	40	不符合要求酌情扣分		
4	工具设备的正确使用与维护	正确、规范使用工具、量具、刀具，合理保养及维护工具、量具、刀具	10	不符合要求酌情扣分		
		正确、规范使用设备，合理保养及维护设备				
		操作姿势、动作正确				
5	职业素养	安全文明生产，符合国家颁发的有关法规或企业自定的有关规定	10	一项不符合要求不得分，发生较严重安全事故取消考试资格		

五、相关资讯

套类零件的材料与毛坯

套类零件常用的材料是钢、铸铁、青铜或黄铜等。有些要求较高的滑动轴承,为节省贵重材料而采用双金属结构,即用离心铸造法在钢或铸铁套筒的内壁上浇注一层巴氏合金等材料,用来提高轴承寿命。

套类零件的毛坯主要根据零件材料、形状结构、尺寸大小及生产批量等因素来确定。孔径较小时(如 $d<20$ mm),可选热轧或冷拉棒料,也可采用实心铸件;孔径较大时,可选用带预制孔的铸件或锻件;壁厚较小且较均匀时,还可选用管料。当生产批量较大时,还可采用冷挤压和粉末冶金等先进毛坯制造工艺,可在提高毛坯精度的基础上提高生产率,节约用料。

六、练习与提高

1)结合轴类、套类零件图的识读知识,学习识读端盖零件图(图3-5),并回答下列问题。

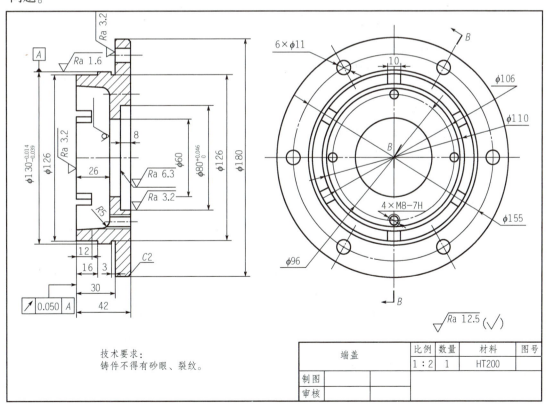

▲图3-5 端盖零件图

①该零件图采用了两个基本视图，分别是__________和 __________ 。

②端盖周围有 __________ 个圆柱孔，它们的直径为 __________，定位尺寸为__________。

③图 3-5 中 $\phi130_{-0.039}^{-0.014}$ mm 的基本尺寸是__________，最大极限尺寸是__________，最小极限尺寸是__________，上极限偏差为__________ ，下极限偏差为__________ ，公差是__________。

④解释 [↗|0.050|A] 含义：基准要素是__________，被测要素是__________，公差项目是__________，公差值是__________。

⑤解释 4×M8-7H 含义：4 表示__________，M 表示__________ ，8 表示__________，7H 表示__________ 。

2）简述盘套类零件的识图步骤。

任务二　套类零件加工工艺分析

一、任务目标

1）掌握内孔车刀的选择、刃磨及安装方法。

2）了解套类零件的装夹方法。

3）学会制定套类零件加工工艺。

4）掌握套类零件的加工艺安排。

5）培养学生努力思考、自主探索的能力。

二、任务资讯

1. 套类零件的装夹

套类零件装夹见表 3-3。

▼表 3-3　套类零件装夹

类别	图　示	特　点
三爪卡盘装夹一次完成加工内容	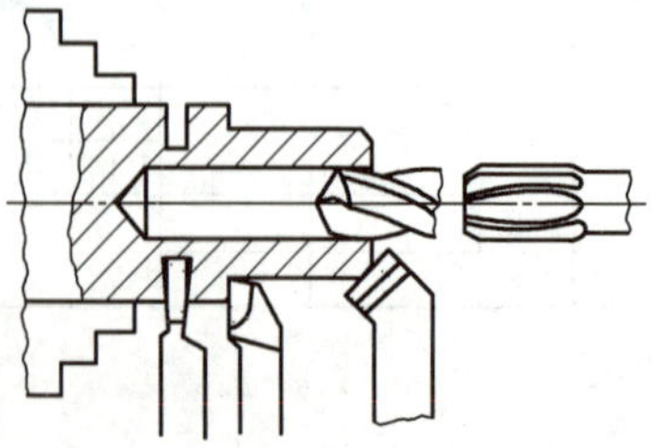	当套的尺寸较小时，常用长棒料做毛坯，棒料可穿入机床主轴通孔。此时可用三爪卡盘装夹棒料外圆，一次装夹下加工完工件的所有加工表面，这样既可装夹方便又因为消除了装夹误差而容易获得较高的位置精度

续表

类别	图 示	特 点
以外圆定位装夹工件	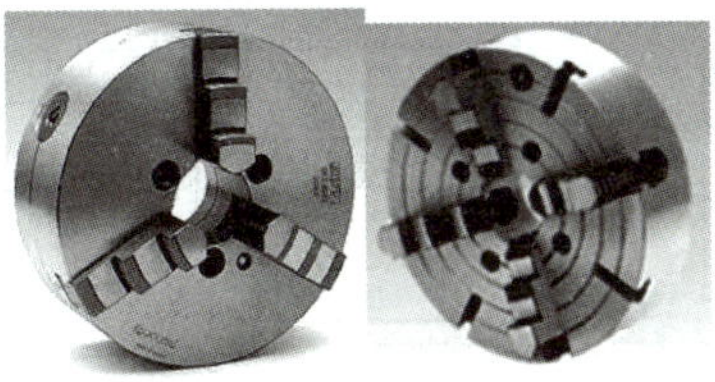	三爪卡盘装夹：装夹迅速、可靠，但一般卡盘的装夹误差较大，位置精度低。 四爪卡盘装夹：夹紧力大，装夹时可用打表校正的方法获得较高的位置精度，但较费时
	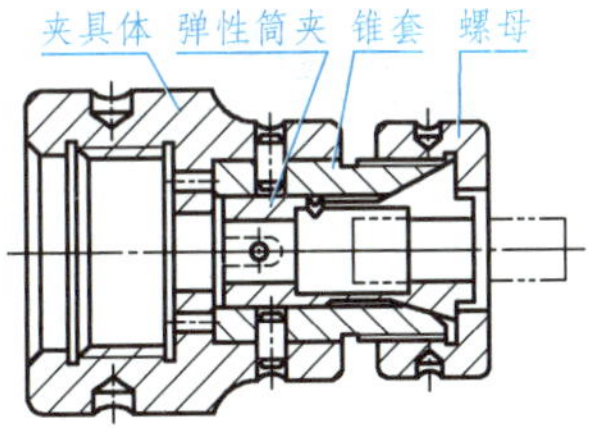	专用夹具装夹：结构紧凑，操作迅速、方便、省力，可以保证较高的加工精度和生产效率，但设计制造周期较长，制造费用较高
以内孔定位装夹工件	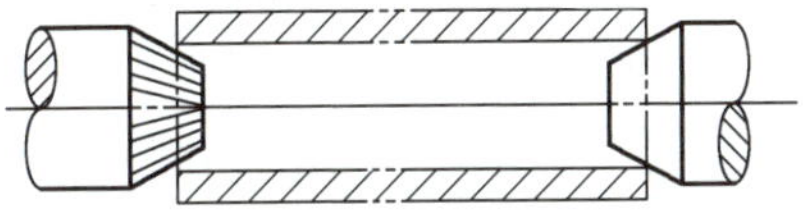	用两圆锥销装夹：圆锥销又称大头顶尖，带齿纹的圆锥销又称梅花顶尖。梅花顶尖锥面上的齿纹加大了顶尖与工件之间的摩擦力，带动工件旋转而不用鸡心夹头
	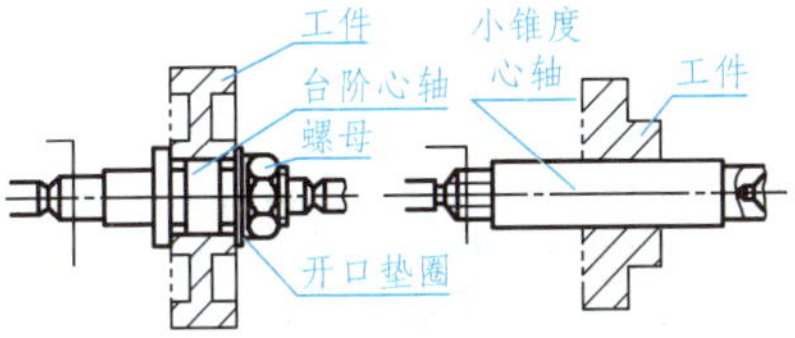	用心轴，以内孔作为定位基准来保证工件的同轴度和垂直度。心轴由于制造容易、使用方便，因此在工厂中应用得很广泛

（二）刀具的选择及装夹

1. 麻花钻

（1）麻花钻的选择

钻孔时，对于精度要求不高的内孔，可用麻花钻直接钻出；对于精度要求较高，钻孔后还需要进一步加工才能完成的孔，在选择麻花钻时，应留出下道工序的加工余量，一般选择比要求加工孔径小 1~2 mm 的钻头直径；选择麻花钻长度时，一般应使麻花钻螺旋槽略大于孔深。

（2）麻花钻的组成

标准麻花钻由以下 3 个部分组成。

1)刀柄：钻头夹持部分，装夹时起定心作用，用于与机床连接，切削时起传递转矩作用，麻花钻的刀柄有直柄和锥柄两种，如图3-6所示。

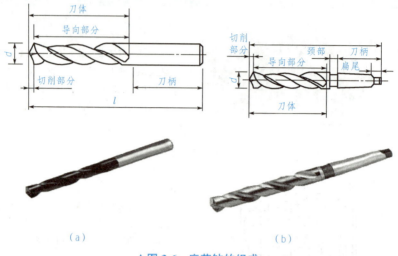

▲图3-6 麻花钻的组成

(a)直柄麻花钻；(b)锥柄麻花钻

2)颈部：工作部分和柄部间的过渡部分，供磨削时砂轮退刀和打印标记用(标注商标、钻头直径和材料牌号)，直柄麻花钻大部分都没有颈部。

3)工作部分：钻头的主要部分，前端为切削部分，承担主要的切削工作；后端为导向部分，起引导钻头的作用，也是切削部分的后备部分。

(3)麻花钻的装夹

一般情况下，直柄麻花钻安装在钻夹头上，再将钻夹头的锥柄插入尾座锥孔内；锥柄麻花钻可利用莫氏变径套或直接安装在尾座锥孔中，如图3-7所示。

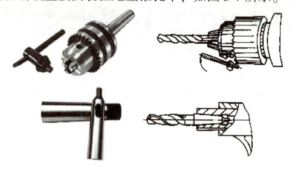

▲图3-7 麻花钻的装夹

2. 内孔车刀

(1)内孔车刀的几何角度

车削内孔需要用到内孔车刀，内孔车刀的切削部分基本与外圆车刀相似。内孔车刀的种类及几何角度见表3-4。

▼ 表 3-4 内孔车刀的种类及几何角度

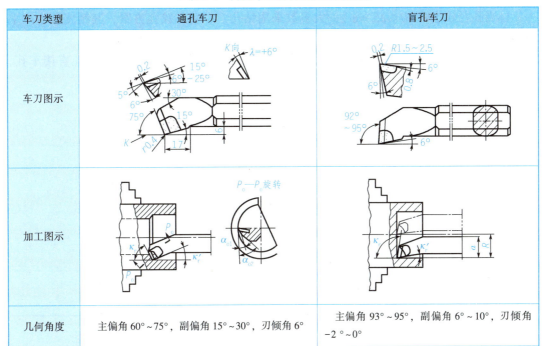

车刀类型	通孔车刀	盲孔车刀
车刀图示		
加工图示		
几何角度	主偏角 60°~75°，副偏角 15°~30°，刃倾角 6°	主偏角 93°~95°，副偏角 6°~10°，刃倾角 −2°~0°

(2) 内孔车刀的刃磨

内孔车刀的刃磨方法基本与外圆车刀相似，具体操作步骤是：粗磨前面→粗磨主后面→粗磨副后面→粗磨主后面→粗、粗磨前角并控制刃倾角→粗磨副后面→修磨刀尖圆弧。

(3) 内孔车刀的装夹

1) 通孔车刀的装夹。装夹时刀尖应与工件中心等高。精车时可略高于中心，但不超过车孔直径的 1%；装夹时内孔车刀刀柄应与工件轴线平行；刀柄伸出刀架不宜过长，一般比被加工孔长 5~10 mm；装夹后，让车刀在孔内切一次，检查刀杆与孔壁是否相碰。

2) 盲孔车刀的装夹。车盲孔时，其内孔车刀的刀尖必须与工件旋转中心等高，否则不能将孔底车平。车台阶孔时，内孔车刀的装夹除了刀尖应对准工件中心和刀杆尽量伸短些外，内孔车刀（内偏刀）的主切削刃应与内平面成 3°~5°的夹角，如图 3-8 所示。另外，在车削平面时，要求横向有足够的退刀余量。

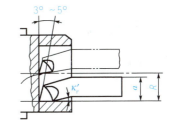

▲ 图 3-8 内孔车刀的装夹

3. 套类零件加工工艺分析

(1) 主要表面的加工方法

套类工件的主要加工表面是孔、外圆和端面。套类工件中外圆和端面的加工方法与轴类工件相似。

套类工件中内孔的加工方法有钻孔、扩孔、车孔、铰孔、磨孔、珩磨孔、研磨孔、拉孔及滚压加工。其中钻孔、扩孔和车孔作为粗加工和半精加工方法，而车孔、铰孔、磨孔、珩磨孔、研磨孔、拉孔和滚压加工则作为孔的精加工方法。

通常孔的加工方案如下：

1）当孔径较小时（$D \leq 25$ mm），大多数采用钻孔、扩孔、铰孔方案，其精度和生产率均很高。

2）当孔径较大时（$D > 25$ mm），大多数采用钻孔后车孔或对已有铸、锻孔直接车孔，并增加进一步精加工的方案。

（2）套类工件的加工顺序

车削一般套类工件的加工顺序可参考以下方式：

三、任务实施

根据图 3-9 所示固定套零件图，进行工艺分析并制定加工工艺。

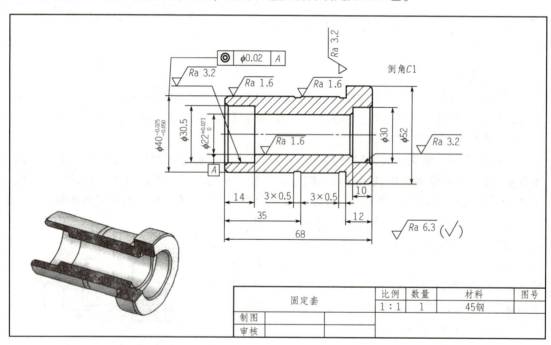

▲ 图 3-9 固定套零件图

该固定套的主要技术要求为：$\phi 40$ 外圆对 $\phi 22$ 孔轴线的同轴度公差为 $\phi 0.02$；加工中可以外圆为基准加工内孔保证同轴度的要求；内孔精度采用车孔可以满足要求。内孔的加工顺序为钻孔→车孔。

表 3-5 为固定套的加工工艺过程。

▼ 表 3-5　固定套的加工工艺过程

序号	工序名称	工序内容	定位与装夹
1	装夹零件	• 夹 $\phi60$ 外圆，伸出长度大于 56 mm，校正并夹紧	三爪夹外圆
2	粗车	• 粗车端面，车平即可； • 粗车台阶外圆 $\phi42 \times 56$ mm	
3	钻中心孔		中心孔
4	钻孔	• 钻通孔 $\phi20$	
5	精车	• 车外圆台阶 $\phi40_{-0.050}^{-0.025}$ mm 至尺寸； • 车台阶平底孔 $\phi30.5$，深 14 mm； • 孔口倒角 $C1$； • 车中间槽 3 mm×0.5 mm，保证尺寸 35 mm； • 车台阶处槽 3 mm×0.5 mm	
6	工件调头 装夹零件	• 工件校正，保证同轴度； • 粗、精车 $\phi52$ 外圆； • 车孔 $\phi22_{-0}^{+0.021}$ mm 至尺寸； • 车台阶平底孔 $\phi30$，深 10 mm 至要求； • 孔口倒角 $C1$； • 外圆倒角	夹 $\phi40$ 外圆
7	检查		

四、任务评价

任务评价表见表 3-6。

▼ 表 3-6　任务评价表

序号	考核项目	考核内容及要求	配分	评分标准	检测结果	得分
1	套类零件的装夹	掌握套类零件的装夹方式和步骤	20	不符合要求酌情扣分		
2	加工套类零件刀具	了解加工套类零件的常用刀具及装夹步骤	20	不符合要求酌情扣分		
3	套类零件工艺分析	掌握套类零件工艺分析内容	40	不符合要求酌情扣分		
4	工具设备的正确使用与维护	正确、规范使用工具、量具、刀具，合理保养及维护工具、量具、刀具 正确、规范使用设备，合理保养及维护设备 操作姿势、动作正确	10	不符合要求酌情扣分		

续表

序号	考核项目	考核内容及要求	配分	评分标准	检测结果	得分
5	职业素养	安全文明生产，符合国家颁发的有关法规或企业自定的有关规定	10	一项不符合要求不得分，发生较严重安全事故取消考试资格		

五、相关资讯

工艺规程简介

在机械制造中，通常按一定的顺序逐步改变毛坯的形状、尺寸、表面层性质，直至加工出符合图样要求的合格零件，这一过程称为机械加工工艺过程。

零件的机械加工工艺过程一般由若干个工序组成。一个操作者在一台设备（如车床）上对一个工件所连续完成的那部分机械加工工艺过程称为工序。工序包括在这个工件上连续进行的直到转向加工下一个工件为止的全部动作。工序是工艺过程划分的基本单元，是生产组织、调度和机床、工人工作计划安排的基本单元。

一个零件从毛坯加工成成品的机械加工工艺过程，往往因产量及生产条件的不同而各不相同。生产中用一定的文件形式规定下来的工艺过程称为工艺规程。生产中经常使用的工艺规程文件见表3-7。

▼表3-7 工艺规程文件

种类	说明	适用场合
机械加工工艺过程综合卡片	概述了加工过程的全貌，是制定其他工艺的基础，可以用于生产管理。因其对各工序的说明不够具体，故一般不能指导加工者操作	单件小批量生产
机械加工工艺卡片	简称工艺卡片，是以工序为单位说明工艺过程的文件，其中详细说明了每一工序所包括的工位及工步的工作内容。对于复杂工序，还会绘出工序简图，注明本工序加工表面的加工尺寸及公差等。 工艺卡是用来指导工人和帮助技术管理人员掌握整个加工过程的主要技术文件	成批生产或重要零件的小批量生产
机械加工工序卡片	简称工序卡，是用来具体指导工作操作的文件。它是分别为零件工艺过程中的每一工序制定的，详细说明该工序加工所必需的工艺资料。卡片中还附有工序简图	大批量生产和重要零件的成批生产

六、练习与提高

1) 简述套类零件的装夹方法及步骤。
2) 简述加工套类零件的常用刀具。
3) 套类零件工艺分析的主要内容有哪些？

任务三　加工典型套类零件

一、任务目标

1) 掌握钻削加工方法。
2) 掌握车削内孔方法。
3) 了解并掌握台阶孔的加工方法及内沟槽的加工方法。
4) 正确摆放操作加工所需工具、量具。
5) 能按操作规范合理使用普通车床并完成内孔零件的加工。

二、任务资讯

（一）钻孔

使用钻头在实心材料上加工孔的方法称为钻孔，其精度等级可达到 IT11~IT12，表面粗糙度 Ra 为 12.5~25 μm。钻孔只能作为粗加工，常用的钻头为麻花钻。

1. 钻孔时的切削用量

（1）背吃刀量 a_p

钻孔时的背吃刀量为麻花钻的半径（图 3-10），即

$$a_p = \frac{d}{2}$$

式中　a_p——背吃刀量，mm；
　　　d——麻花钻的直径，mm。

（2）进给量 f

在车床上钻孔时的进给量通常是用手动转动尾座手轮来控制的。转动尾座手轮时应缓慢均匀。

（3）切削速度 v_c

钻孔时的切削速度 v_c 可按下式计算：

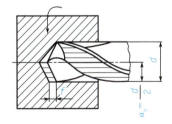

▲图 3-10　钻孔时的切削用量

$$v_c = \frac{\pi d n}{1\,000}$$

式中 v_c——切削速度，m/min；

d——麻花钻的直径，mm；

n——车床主轴转速，r/min。

用高速钢麻花钻钻钢料时，切削速度一般为 $v_c = 15 \sim 30$ m/min；钻铸件时，$v_c = 10 \sim 25$ m/min；钻铝合金时，$v_c = 75 \sim 90$ m/min。

2. 钻孔的方法

车床上钻孔与钻床上钻孔是不相同的。在车床上钻孔时，主运动是工件的旋转运动。进给运动是钻头的轴向移动。在车床上钻孔的方法(图3-11)如下：

1) 钻孔前先车平端面，中心处不允许有凸头，钻小孔时应先用中心钻钻中心孔。

2) 钻孔时，摇动尾座手轮使钻头缓慢进给，注意经常退出钻头排屑，否则会因铁屑堵塞而使钻头"咬死"或折断。

3) 钻钢料时应加充分的切削液，以防止钻头退火。钻铸铁时，不用切削液。

4) 钻孔结束，反向转动尾座手轮，退出钻头，并将尾座移动到机床尾部。

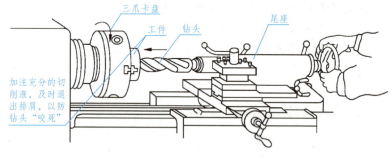

▲图3-11　在车床上钻孔示意图

5) 用细长麻花钻钻孔时，为防止晃动，可在刀架上夹一挡铁，以支持麻花钻头部来帮助定心，如图3-12所示。

6) 钻不通孔与钻通孔方法基本相同，不同的是钻不通孔需要控制孔的深度，如图3-13所示。

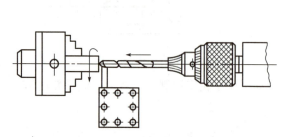

▲图3-12　用挡铁帮助钻头定心

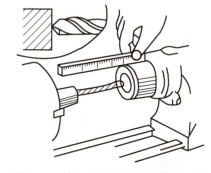

▲图3-13　钻不通孔(盲孔)时的孔深控制

(二)车孔

用钻头钻出的孔,为了达到尺寸精度和表面粗糙度的要求,需要车孔。用车削方法扩大工件孔径或加工空心工件内表面的方法称为车孔。车孔是车削加工的主要内容之一,可用做孔的半精加工和精加工。车孔的加工精度一般可达 IT8~IT7,表面粗糙度 Ra 值为 3.2~1.6 μm,精细车削时 Ra 值可达 0.8 μm。

1. 车孔的关键技术

内孔的加工比外圆的加工困难得多,原因如:①观察困难,内孔的加工是在工件的内部进行的,不容易观察切削,尤其是小而深的孔,根本无法看清;②刀柄刚性差,刀柄的尺寸受孔径和孔深的限制,不能做得又粗又短,因此刀柄的刚性较差;③排屑和冷却困难,因刀具和孔壁之间的间隙小,使切削液难以进入,又使切屑难以排出;④测量困难,因孔径小,使得量具进出及调整都很困难。

车孔的关键技术是解决内孔车刀的刚性和排屑问题。

2. 车孔的切削用量

内孔车刀的刚性较差,排屑较困难,故车孔时的切削用量应选得比车外圆时要小。车孔时的背吃刀量 a_p 应比车外圆时小些;进给量比车外圆时一般小 20%~40%;切削速度比车外圆时低 10%~20%。

3. 车孔的方法

内孔的结构形式不同,其车削的方法也不同。孔的车削方法基本上与车外圆相同,只是进刀与退刀的方向相反。内孔车削方法见表 3-8。

内孔车削加工

▼表 3-8 内孔车削方法

车孔类型	进给路线	图示
车通孔	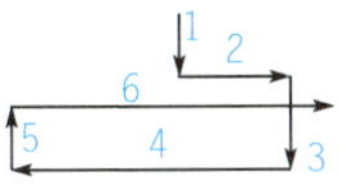 1(对刀)→2(退刀至孔口)→3(调整背吃刀量)→4(车削内孔)→5(退刀)→6(退出孔内)	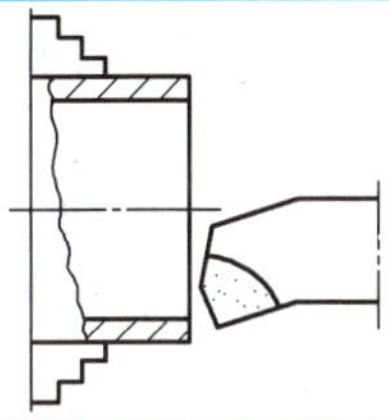
车台阶孔	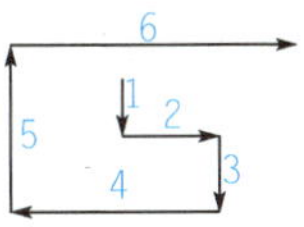 1(对刀)→2(退刀至孔口)→3(调整背吃刀量)→4(车削内孔)→5(车内台阶)→6(退出孔内)	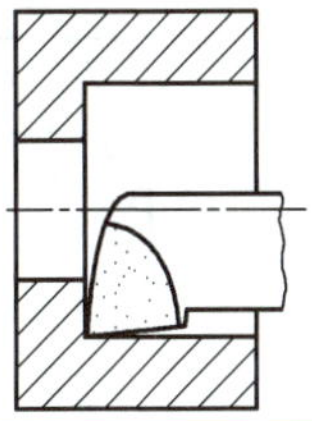
车平底孔	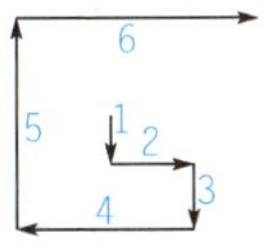 1(对刀)→2(退刀至孔口)→3(调整背吃刀量)→4(车削内孔)→5(车内底平面)→6(退出孔内)	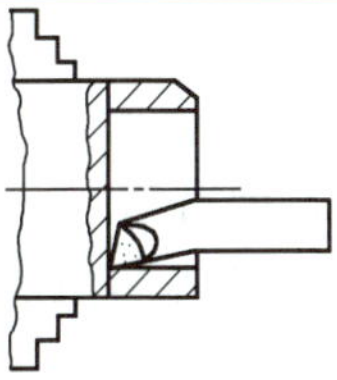

(三)车内沟槽与端面沟槽

1. 常见内沟槽与端面沟槽的种类

(1)内沟槽的种类

常见的内沟槽有退刀槽、轴向较长的沟槽、通气内沟槽、存油槽等,如图 3-14 所示。

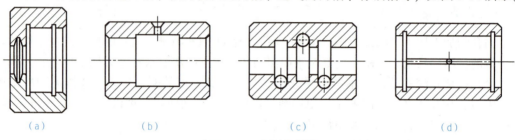

▲图 3-14　常见内沟槽

(a)退刀槽;(b)轴向较长的沟槽;(c)通气内沟槽;(d)存油槽

(2)端面沟槽的种类

常见的端面沟槽有端面直槽、端面 T 形槽、端面燕尾槽等,如图 3-15 所示。

2. 内沟槽车刀和端面切槽车刀

(1)内沟槽车刀

内沟槽车刀与切断刀的几何形状相似,只是装夹方向相反,且在内孔中车槽。加工小孔中的内沟槽车刀做成整体式[图 3-16(a)]。在大直径内孔中车内沟槽的车刀可做成刀排式[图 3-16(b)]。由于内沟槽通常与孔轴线垂直,因此要求内沟槽车刀的刀头与刀杆轴线垂直,两侧副切削刃与主切削刃应对称,这样有利于切削时的车刀装夹。装夹内沟槽车刀时,应使主切削刃与内孔中心等高或略高。内沟槽车刀的几何角度如图 3-17 所示。

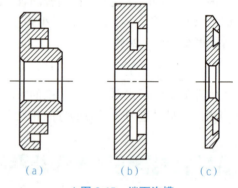

▲图 3-15　端面沟槽

(a)端面直槽;(b)端面 T 形槽;(c)端面燕尾槽

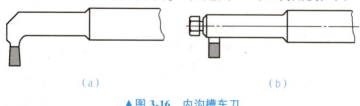

▲图 3-16　内沟槽车刀

(a)整体式;(b)刀排式

(2)端面直槽车刀

在端面上车直槽时,端面直槽车刀的几何形状是外圆车刀与内孔车刀的综合。其中,

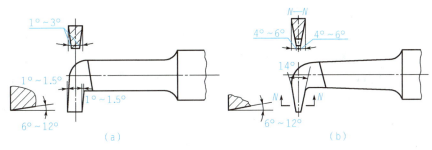

▲图 3-17　内沟槽车刀的几何角度

(a)直内沟槽车刀；(b)梯形内沟槽车刀

刀尖处的副后面的圆弧半径 R 必须小于端面直槽的大圆弧半径，以防左副后面与工件端面槽孔壁相碰。安装端面直槽车刀时，注意使其主切削刃垂直于工件轴线，以保证车出直槽底面与工件轴线垂直，如图 3-18 所示。

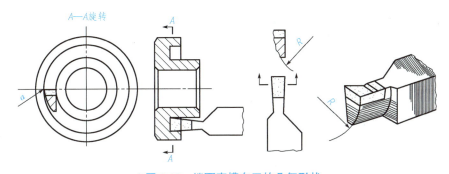

▲图 3-18　端面直槽车刀的几何形状

3. 车内沟槽及端面沟槽的方法

（1）车内沟槽的方法

车内沟槽的方法与车外沟槽方法类似，对于宽度较小和要求不高的内沟槽，可用主切削刃宽度等于槽宽的内沟槽车刀采用直进法一次车出[图 3-19(a)]。对于要求较高或较宽的内沟槽，可采用直进法分几次车出。粗车时，槽壁和槽底留精车余量，然后根据槽宽、槽深进行精车[图 3-19(b)]。若内沟槽深度较浅，宽度很大，可用内孔粗车刀先车出凹槽，再用内沟槽刀车沟槽两端垂直面[图 3-19(c)]。

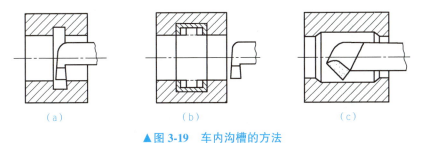

▲图 3-19　车内沟槽的方法

（2）端面直槽车削时控制车槽刀位置的方法

在车端面直槽前，通常应先测量工件的外径，得出实际尺寸，然后减去沟槽外圆直径尺寸，除以2，就是车槽刀外侧与工件外侧之间的距离 L，如图3-20所示。例如，图3-20中工件直径 D 为50 mm，端面直沟槽外侧直径 d 为40 mm，则刀头外侧与工件外径之间的距离为 $L=(D-d)/2=5$（mm）。

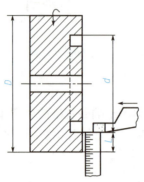

▲图3-20 控制车槽刀位置的方法

三、任务实施

完成图3-21所示固定套的加工。

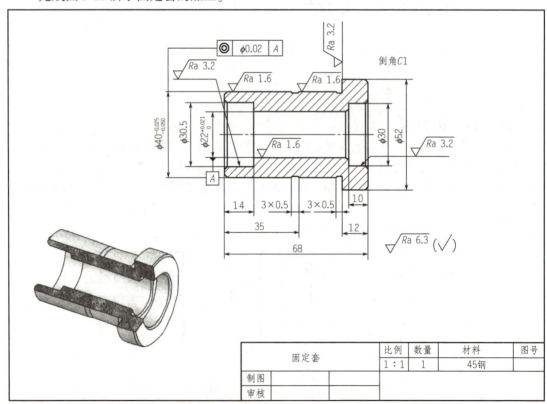

▲图3-21 固定套零件图

(一)任务准备

CA6140 型车床、45 钢毛坯 ϕ60 mm×75 mm、外圆车刀、端面车刀、车槽刀、镗孔刀、游标卡尺、游标深度尺、25~50 mm 千分尺、75~100 mm 千分尺、内径量表、ϕ20 钻头等。

(二)操作过程

固定套加工过程表3-9。

▼表3-9　固定套加工过程

序号	加工步骤	图例
1	用三爪卡盘装夹 ϕ60 毛坯外圆，校正并夹紧	
2	粗车端面，车平即可	
3	粗车台阶外圆 ϕ42，长 56 mm	

续表

序号	加工步骤	图例
4	钻中心孔	
5	钻通孔 $\phi 20$	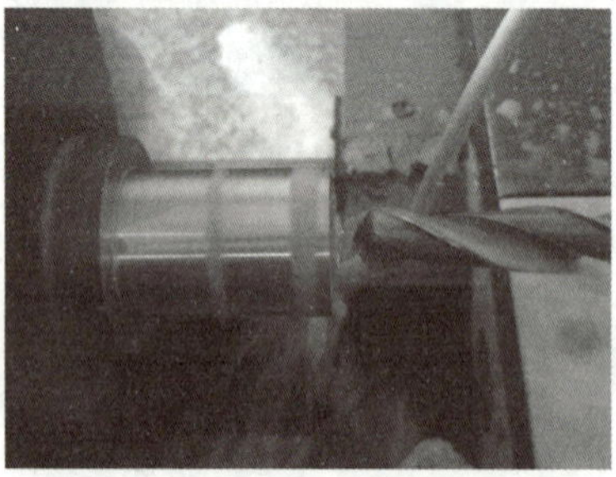
6	精车台阶外圆 $\phi 40_{-0.050}^{-0.025}$ mm	
7	车台阶平底孔至 $\phi 30.5$，深 14 mm	
8	孔口倒角 $C1$	

续表

序号	加工步骤	图例
9	车中间槽 3 mm×0.5 mm，保证尺寸为 35 mm	
10	车台阶处外圆槽 3 mm×0.5 mm	
11	工件调头，装夹 ϕ40 外圆，校正并夹紧	
12	粗、精车端面，保证总长 68 mm	
13	粗、精车 ϕ52 外圆	

续表

序号	加工步骤	图例
14	车孔 $\phi 22_0^{+0.021}$ mm 至要求尺寸	
15	车台阶孔 $\phi 30$、深 10 mm 至要求，外孔口、里孔口倒角 C1	
16	外圆倒角 C1	
17	检查：完成工件的加工后，卸下工件，仔细测量是否符合图样要求	

四、任务评价

任务评价表见表 3-10。

▼ 表 3-10　任务评价表

序号	考核项目		考核内容及要求	配分	评分标准	检测结果	得分
1	外圆	外径	$\phi 40_{-0.050}^{-0.025}$ mm	8	超差不得分		
2		外径	$\phi 52$	4	超差不得分		
3		表面粗糙度	$Ra1.6\ \mu m$	4	不符合要求不得分		
4		长度	12 mm、68 mm	6	超差不得分		
5		同轴度	≤0.02 mm	5	不符合要求不得分		
6	孔	孔径	$\phi 30.5$	5	超差不得分		
7		孔径	$\phi 22_{0}^{+0.021}$ mm	8	超差不得分		
8		孔径	$\phi 30$	6	超差不得分		
9		长度	14 mm、10 mm	4	超差不得分		
10		表面粗糙度	$Ra12.5\ \mu m$	4	不符合要求不得分		
11	沟槽	沟槽宽度	3 mm×0.5 mm（2处）	6	超差不得分		
12		长度	35 mm、12 mm	4	超差不得分		
13	端面	表面粗糙度	$Ra3.2\ \mu m$	4	不符合要求不得分		
14	倒角	倒角	C1（4处）	8	不符合要求不得分		
15		未注倒角	4处（去毛刺）	4	不符合要求不得分		
16	工具设备的正确使用与维护		正确、规范使用工具、量具、刀具，合理保养及维护工具、量具、刀具	10	不符合要求酌情扣分		
			正确、规范使用设备，合理保养及维护设备				
			操作姿势、动作正确				
17	职业素养		安全文明生产，符合国家颁布的有关法规或企业自定的有关规定	10	一项不符合要求扣2分，发生较大事故者取消考试资格		
			操作、工艺规程正确		一处不符合要求扣2分		

五、相关资讯

铰孔、扩孔与锪孔简介

典型孔类零件加工

(一) 铰孔

铰孔是孔的精加工方法之一，在生产中应用十分广泛。对于较小的孔，相对于内圆磨削及精镗而言，铰孔是一种较为经济实用的加工方法。其精度可达 IT7～IT9，表面粗糙度

Ra 一般达 1.6~0.4 μm。

1. 铰刀的几何形状

铰刀是尺寸精确、刚性好的多刃刀具,铰刀由工作部分、颈部和柄部组成,如图3-22所示。

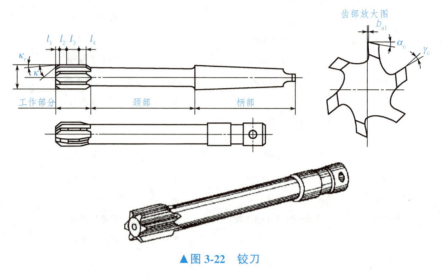

▲图3-22 铰刀

2. 铰孔方法

铰孔前,一般先经过钻孔、扩孔或车孔等半精加工,并留有适当的铰削余量。余量的大小直接影响铰孔的质量。铰孔余量一般为 0.08~0.20 mm,用高速钢铰刀铰削余量取小值,用硬质合金铰刀铰削余量取大值,铰孔如图3-23所示。

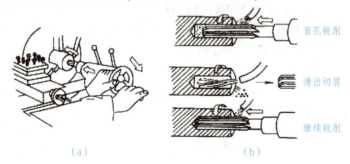

▲图3-23 铰孔
(a)铰通孔;(b)铰不通孔

(二)扩孔

用扩孔刀具扩大工件孔径的方法称为扩孔。孔径大于 30 mm 的孔一般采用扩孔的方法加工,即先用小直径钻头钻出底孔,再用大直径钻头钻至所要求的孔径。通常第一次选用钻头的直径为孔径的 0.5~0.7 倍。

常用的扩孔刀具有麻花钻和扩孔钻等。对于精度要求一般的工件,扩孔用麻花钻;对于精度要求较高的孔,其半精加工可使用扩孔钻扩孔。扩孔精度一般可达 IT10~IT11,表面粗糙度值 Ra 达 12.5~6.3 μm。

1. 用麻花钻扩孔

用麻花钻扩孔示意图如图 3-24 所示。

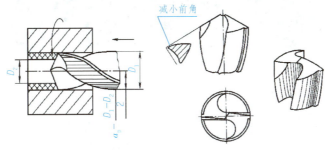

▲图 3-24　用麻花钻扩孔示意图

2. 用扩孔钻扩孔

扩孔钻有高速钢扩孔钻和硬质合金扩孔钻两种,如图 3-25 所示。用扩孔钻扩孔示意图如图 3-26 所示。

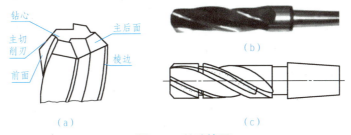

▲图 3-25　扩孔钻图
(a)高速钢扩孔钻外形图;(b)高速钢扩孔钻;(c)硬质合金扩孔钻

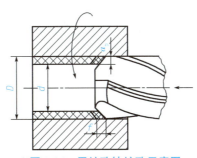

▲图 3-26　用扩孔钻扩孔示意图

(三)锪孔

用锪削的方法加工平底或锥形沉孔的方法称为锪孔。车削中常用圆锥形锪钻锪锥形沉孔。圆锥形锪钻有 60°、90°和 120°等几种,如图 3-27 所示。60°和 120°锪钻用于锪削圆柱

孔直径 $d>6.3$ mm 的中心孔的圆锥孔和护锥，90°锪钻用于孔口倒角或锪沉头螺钉孔。锪内圆锥时，为减小表面粗糙度，应选取进给量 $f≤0.05$ mm/r，切削速度 $v_c≤5$ m/min。

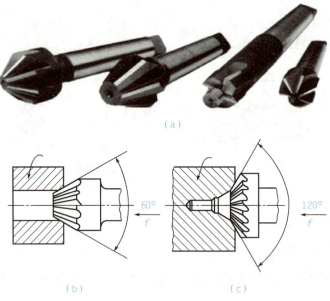

▲图 3-27　锪钻和锪内圆锥

(a) 锪钻实物图；(b) 锪 60°内圆锥；(c) 锪 120°护锥

六、练习与提高

1) 参照表 3-11，完成图 3-28 所示零件内孔的加工。

表 3-11　工艺路线

步骤	内　　容
1	装夹外圆，校正并夹紧
2	车端面，钻孔，深 23 mm（包括钻尖在内）
3	用平头钻扩孔，深 23.5 mm（无合适平头钻时可粗车平底孔至尺寸）
4	精车端面、内孔及底平面至尺寸要求
5	孔口倒角 C1
6	检查合格取下零件

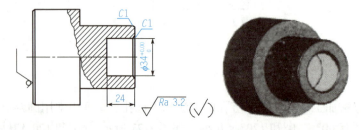

▲图 3-28　零件内孔图

2）完成图3-29所示衬套零件的加工。

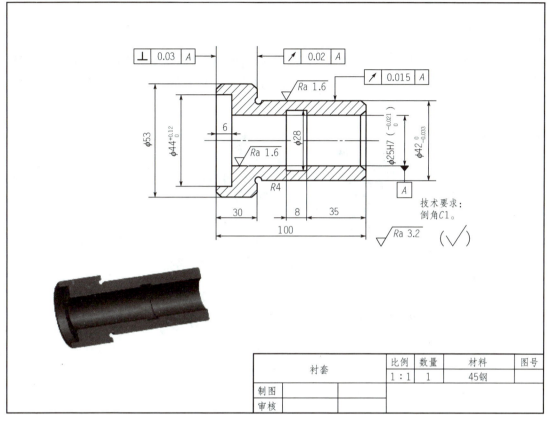

▲图3-29　衬套零件图

任务四　套类零件质量检测

一、任务目标

1）了解内孔测量的常用量具并掌握内孔的测量方法。
2）了解套类零件加工时产生废品的原因。
3）能正确使用游标卡尺、塞规、内径百分表对内孔零件进行检测。

二、任务资讯

（一）孔径的测量

孔径尺寸的测量，应根据工件孔径尺寸的大小、精度以及工件数量，采用相应的量具进行。当孔的精度要求较低时，可采用钢直尺、游标卡尺测量；当孔的精度要求较高时，可采用下列方法测量。

1. 用内径百分表测量

内径百分表采用对比法测量孔径，因此使用时应先根据被测量工件的内孔直径，用外径千分尺将内径百分表对准"零"位后，方可进行测量，其测量方法如图 3-30 所示，取最小值为孔径的实际尺寸。

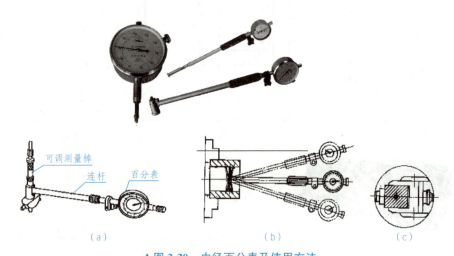

▲图 3-30　内径百分表及使用方法
(a)内径百分表的结构；(b)内径百分表的测量方法；(c)孔中测量情况

2. 用塞规检测

塞规由通端、止端和手柄组成(图 3-31)，测量方便，效率高，主要用于成批生产中。塞规的通端尺寸等于孔的最小极限尺寸，止端尺寸等于孔的最大极限尺寸。测量时，通端能塞入孔内，止端不能塞入孔内，则说明孔径尺寸合格。

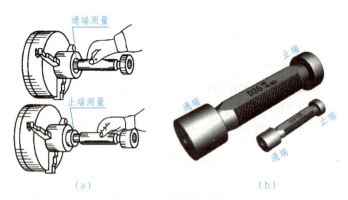

▲图 3-31　塞规及其使用方法
(a)测量方法；(b)塞规的结构

(二)套类零件形状位置精度的测量

1. 形状精度的测量

(1)圆度测量

孔的圆度误差可用内径百分表在孔的圆周各个方向上测量,测量的最大值与最小值之差的 1/2 即为单个截面上的圆度误差。按上述方法测量若干截面,取其中最大的误差作为该圆柱孔的圆度误差。

(2)圆柱度测量

孔的圆柱度误差可用内径百分表在孔径全长的前、中、后各测量几点,比较其测量值,其最大值与最小值之差的 1/2 即为孔全长上的圆柱度误差。

2. 位置精度的测量

(1)径向圆跳动测量

一般的套类工件以内孔作为基准,把工件套在精度较高的心轴上,再将心轴安装在两个顶尖之间,用百分表测量(图 3-32)。百分表在工件转一周后所得的最大读数差即为该测量面上径向圆跳动误差,取各截面测得的跳动量中的最大值,即为该工件的径向圆跳动误差。

外形无台阶的套类工件,可以将工件放在 V 形铁上并轴向限位(图 3-33),工件以外圆作为测量基准。测量时,用杠杆式百分表的测头与工件内孔表面接触,工件转一周,百分表的最大读数差就是工件的径向圆跳动误差。

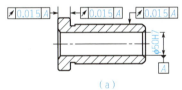

(a)

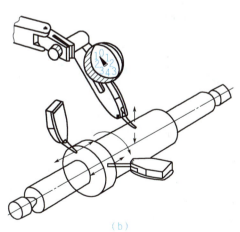

(b)

▲图 3-32 两顶尖间检验径向圆跳动及端面圆跳动
(a)工件图样;(b)测量方法

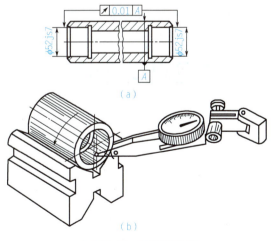

▲图 3-33 工件装夹在 V 形铁检验径向圆跳动
(a)工件图样;(b)测量方法

(2) 端面圆跳动测量

套类工件端面圆跳动的测量方法(图 3-32):把杠杆式百分表的测头靠在测量的端面上,工件转一周,百分表的最大读数差即为该直径测量面上的端面圆跳动误差。

(3) 端面对轴线垂直度的测量

测量端面垂直度,应该经过两个步骤。首先要测量端面圆跳动是否合格,如合格再测量端面的垂直度。对于精度要求较低的工件,可用刀口直尺侧面透光检查。对于精度要求较高的工件,当端面圆跳动合格后,再把工件装夹在 V 形铁的小锥度心轴上,并放在精度很高的平板上检查端面的垂直度。测量时,把杠杆式百分表从端面的最里一点向外拉出(图 3-34),百分表指示的读数差就是端面对内孔轴线的垂直度误差。测量孔的圆柱度误差可用内径百分表在孔全长的前、中、后各测量几个截面。比较各个截面测量出的最大值与最小值,然后取其最大值与最小值误差的 1/2 为孔全长的圆柱度误差。

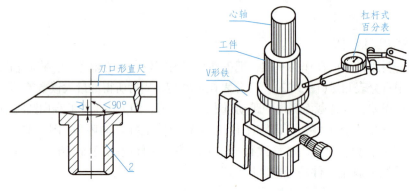

▲图 3-34 V 形铁和平板上检查端面的垂直度

(三) 套类零件质量分析

套类零件加工过程中产生废品的原因及预防措施见表 3-12。

▼ 表 3-12 套类零件加工过程中产生废品的原因及预防措施

废品种类	产生原因	预防措施
尺寸不对	测量不准确	仔细测量,并进行试车
	铰刀直径不对	仔细测量铰刀尺寸,根据孔径尺寸要求研磨铰刀
	产生积屑瘤	选择合理的切削速度
	工件热胀冷缩	应使工件冷却后再精车加注切削液
	铰削余量大	正确选择铰削余量
内孔有锥度	刀具磨损	延长刀具寿命,采用耐磨刀具
	刀柄刚度低,产生让刀	尽量选择大截面刀柄,增加刚度
	主轴轴线歪斜	检查车床精度
内孔不圆	孔壁薄,装夹产生变形	选择合理的装夹方法
	主轴椭圆,轴承间隙大	检修机床
	工件加工余量与材料组织不均匀	增加半精加工工序,使精车余量尽量减小、均匀

续表

废品种类	产生原因	预防措施
内孔不光	车刀磨损	重新刃磨车刀
	车刀几何角度不合理	合理选择刀具角度
	切削用量选择不合理	合理选择切削用量
	铰孔余量不合理	选择适当的铰孔余量
	刀具振动	加粗刀柄并降低切削速度

三、任务实施

测量图 3-35 所示的衬套零件。

任务要求：1）能根据工件尺寸大小正确选择测量量具；
　　　　　2）能够正确使用内径百分表测量工件内孔实际尺寸。

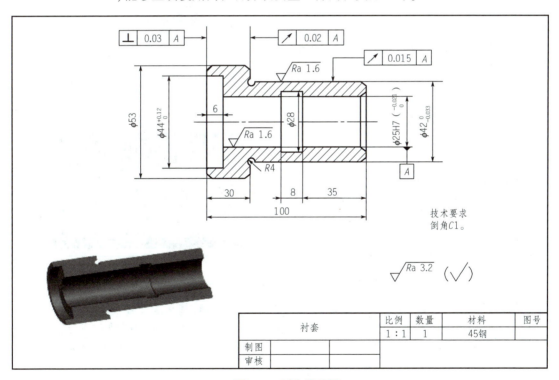

▲ 图 3-35　衬套零件图

衬套零件的具体测量方法见表 3-13。使用内径百分表测量工件的实施步骤及要求见表 3-14。

▼ 表 3-13　衬套零件的具体测量方法

内容	说明	图例
外径、长度尺寸的测量	基本尺寸外径、长度可选择游标卡尺和外径千分尺进行测量	略
内径尺寸的测量	内径尺寸有 φ25 和 φ44 及 φ28。φ25 和 φ44 可用内径百分表测量，但测量时应选择合适的测量头。φ28 内沟槽可用游标卡尺测量	
几何公差的测量	φ53 外圆左侧端面相对于基准的垂直度、右侧端面相对于基准的跳动及 φ42 外圆的径向跳动可用两顶尖百分表测量	
表面粗糙度的测量	表面粗糙度用比较样板，根据实际生产情况，采用目视（放大镜）比较法检测	

▼ 表 3-14　使用内径百分表测量工件的实施步骤及要求

序号	实施步骤	要求
1	将百分表装夹在弹性夹头中	使百分表指针转过一圈左右，旋紧锁紧螺母或锁紧装置
2	选用可换测头	根据被测孔径的公称尺寸，选用相应尺寸的可换测头并装在表杆上
3	根据被测尺寸调整零位	1）把千分尺调整到孔径尺寸并锁紧。 2）一手握内径百分表，一手握千分尺，将表的测头放在千分尺内进行校准。注意：使百分表的测杆尽量垂直于千分尺。 3）调整百分表使压表量为 0.2~0.3 mm，并将表针置零
4	将测头放入孔内	一手握住绝热套，另一只手托住表杆下部靠近本体的地方，把内径百分表测头放入孔内
5	测量	摆动内径百分表，找到内孔的最小尺寸（转折点）来读数

四、任务评价

任务评价表见表 3-15。

▼表 3-15　任务评价表

序号	考核项目	考核内容及要求	配分	评分标准	检测结果	得分
1	尺寸检测	掌握尺寸检测工具的使用及检测方法	30	不符合要求酌情扣分		
2	几何公差检测	掌握几何公差检测工具的使用及检测方法	20	不符合要求酌情扣分		
3	表面粗糙度检测	掌握表面粗糙度检测工具的使用及检测方法	10	不符合要求酌情扣分		
4	质量分析及控制	能对套类零件进行质量分析及控制	20	不符合要求酌情扣分		
5	工具设备的正确使用与维护	正确、规范使用工具、量具、刀具，合理保养及维护工具、量具、刀具	10	不符合要求酌情扣分		
		正确、规范使用设备，合理保养及维护设备				
		操作姿势、动作正确				
6	职业素养	安全文明生产，符合国家颁发的有关法规或企业自定的有关规定	10	一项不符合要求不得分，发生较严重安全事故取消考试资格		

五、相关资讯

影像测量仪

精密测量仪器是制造业质量提升的关键之一。制造业的质量水平与国家的精密测量行业的发展水平直接相关。

随着工业制造的发展和科技进步，影像测量仪也面临越来越多的发展需求。现在不仅出现了多测头集成机型，有的机型还可以完成在线测量，测量结果可以作为企业信息化内容共享。以后，这些技术革新可能成为影像测量仪的基本功能而为业界所接受，而能实现高速测量的超高精密影像测量仪也会越来越多。

1. 仪器特点

影像测量仪的特点如下：

1）非接触测量，使得测量无形变，适合于测量薄壁、软体零件。

2）具有很强的图像放大功能，对于小尺寸零件，其测量能力更强。
3）测量速度快，极大地提高了测量的效率。
4）采点密度高，保证了测量的高可靠性。
5）装夹方便。

2. 仪器用途

几乎所有的制造企业都离不开二次元影像仪。二次元影像仪广泛应用于机械、电子、模具、注塑、五金、橡胶、低压电器、磁性材料、精密五金、精密冲压、接插件、连接器、端子、手机、家用电器、计算机、液晶电视（LCD）、印制电路板（PCB）、汽车、医疗器械、钟表、仪器仪表等。测量的产品也涉及多个行业，如 LCD、FPC、PCB、螺钉、弹簧、钟表、手表、仪表、接插件（连接器、接线端子）、齿轮、凸轮、螺纹、半径样板、螺纹样板、电线电缆、刀具、轴承、五金件、冲压件、筛网、试验筛、水泥筛、网板（钢网、SMT 模板）等。图 3-36 所示为影像测量仪。

▲图 3-36 影像测量仪

户建军：用"匠心"制作"精品"

六、练习与提高

1）简述套类零件几何公差检测工具及方法。
2）套类零件车削加工工艺有哪些？
3）简述套类零件的质量控制方法。

项目四　加工圆锥类零件

在机床与工具中,圆锥面配合应用很广泛。图 4-1 所示为车床主轴孔与顶尖的配合、车床尾座锥孔与麻花钻锥柄的配合。

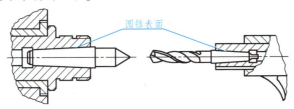

▲图 4-1　圆锥类零件应用实例

圆锥面配合应用广泛的主要原因如下:
1) 当圆锥面的锥角较小时,具有自锁作用,可传递很大的转矩。
2) 圆锥面配合装拆方便,同轴度较高。

加工圆锥面时,除了尺寸精度、几何精度和表面粗糙度外,还有角度或锥度的精度要求。角度公差是用加减角度分或秒来表示的。对于要求较高的圆锥面,其精度是以接触面的大小来评定的。

任务一　认识圆锥类零件

一、任务目标

1) 了解圆锥体的作用。
2) 了解圆锥体加工的技术要求。
3) 能识读圆锥类零件图样。

二、任务资讯

(一)圆锥面的形成

与轴线成一定角度,且一端相交于轴线的一条直线段 AB(母线),围绕着该轴线 AO 旋转形成的表面,称为圆锥表面(简称圆锥面),如图 4-2(a)所示。其斜线 AB 称为圆锥母线。如果将圆锥体的尖端截去,则成为一个截锥体,如图 4-2(b)所示。

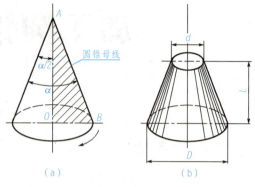

▲图 4-2 圆锥面的形成

(二)圆锥的各部分名称及基本参数

1. 圆锥的各部分名称

圆锥可分为外圆锥和内圆锥两种。通常把外圆锥称为圆锥体,内圆锥称为圆锥孔。图 4-3 所示为圆锥的各部分名称。

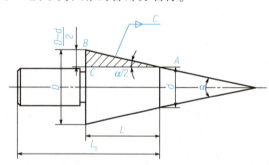

D——最大圆锥直径(简称大端直径,mm);
d——最小圆锥直径(简称小端直径,mm);
α——圆锥角(°);
$\dfrac{\alpha}{2}$——圆锥半角(°);
L——最大圆锥直径与最小圆锥直径之间的轴向距离(简称工件圆的锥形部分长度,mm);
C——锥度;
L_0——工件全长(mm)。

▲图 4-3 圆锥的各部分名称

2. 圆锥的基本参数

圆锥有 4 个基本参数(量):圆锥半角($\alpha/2$) 或锥度(C)、最大圆锥直径(D)、最小圆锥直径(d)、圆锥的锥形部分的长度(L)。以上 4 个量中,只要已知任意 3 个量,另一个未知量就可以求出。

有很多零件图在圆锥面上注有锥度,如图 4-4 所示。锥度是两个垂直圆锥轴线截面的圆锥直径差与该两截面间的轴向距离之比,即:

$$C = \dfrac{D-d}{L}$$

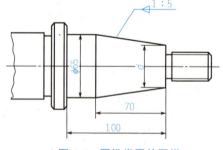

▲图 4-4 圆锥类零件图样

其他三个量与锥度 C 的关系为:

$$D = d + CL;\quad d = D - CL;\quad L = \dfrac{D-d}{C}$$

圆锥半角 α/2 与锥度 C 的关系为：

$$\tan\frac{\alpha}{2}=\frac{C}{2};\quad C=2\tan\frac{\alpha}{2}$$

例题：如图 4-4 所示磨床主轴上的圆锥，已知锥度 $C=1:5$，$D=65$ mm，长度 $L=70$ mm，求小端直径 d 和圆锥半角。

解：由 $C=(D-d)/L$ 可知，$d=D-CL=65$ mm $-(1/5)\times 70$ mm $=51$ mm。
$\tan\alpha/2=C/2=(1/5)/2=1/10=0.1$，所以 $\alpha/2=5°42'38''$。

（三）标准圆锥

为了降低生产成本和使用方便，常用的工具、刀具圆锥都已标准化。也就是说，圆锥的各部分尺寸，按照规定的几个号码来制造，使用时只要号码相同，就能紧密配合和互换。标准圆锥已在国际上通用，即不论哪一个国家生产的机床或工具，只要符合标准圆锥尺寸就能达到互换性。

常用的标准工具圆锥有莫氏圆锥和米制圆锥两种。

1. 莫氏圆锥

莫氏圆锥是机器制造业中应用得最广泛的一种，如车床主轴孔、顶尖、钻头柄、铰刀柄等都使用莫氏圆锥。莫氏圆锥分成七个号码，即 0、1、2、3、4、5、6 号，最小的是 0 号，最大的是 6 号。莫氏圆锥是从英制换算过来的。当号数不同时，圆锥半角也不同。

2. 米制圆锥

米制圆锥有八个号码，即 4、6、80、100、120、140、160、200 号。它的号码是指大端的直径，锥度固定不变，即 $C=1:20$。例如，100 号米制圆锥的大端直径是 100 mm，锥度 $C=1:20$，其优点是锥度不变，记忆方便。

除了常用的工具圆锥以外，还常遇到各种专用的标准圆锥。常用专用标准圆锥的锥度大小及其应用场合可参见表 4-1。

▼表 4-1 常用专用标准圆锥的锥度大小及其应用场合

锥度 C	圆锥角 α	圆锥半角 α/2	应用举例
1:1	14°15′	7°7′30″	车床主轴连接盘及轴头
1:5	11°25′16″	5°42′38″	易于拆卸的连接、砂轮主轴与砂轮连接盘的结合、锥形摩擦离合器等
1:7	8°10′16″	4°5′8″	管件的开关塞、阀等
1:12	3°46′19″	2°23′9″	部分滚动轴承内环锥孔
1:15	3°49′6″	1°54′33″	主轴与齿轮的配合部分
1:16	3°34′47″	1°47′24″	圆锥管螺纹
1:20	2°51′51″	1°25′56″	米制工具圆锥、锥形主轴颈
1:30	1°54′35″	0°57′17″	装柄的铰刀和扩孔钻与柄的配合
1:50	1°8′45″	0°34′28″	圆锥定位销及锥铰刀
7:24	16°36′39″	8°17′50″	铣床主轴孔及刀杆的锥体
7:64	6°15′38″	3°7′40″	刨齿机工作台的心轴孔

三、任务实施

图 4-5 所示为注有锥度的零件图样。圆锥是由圆锥面与一定尺寸所限定的几何体。圆锥可分为外圆锥和内圆锥两种。通过任务学习，能识读圆锥类零件图样并掌握圆锥的四个基本参数的计算方法。

【试一试】

1) 整体认识并了解圆锥的分类及作用。
2) 了解圆锥的各部分名称。
3) 了解常用标准锥度的应用。
4) 掌握圆锥四个基本参数的计算方法。
5) 能正确识读圆锥类零件图样。

识读图 4-5 所示圆锥类零件图，求小端直径 d 和圆锥半角。

1. 零件图样

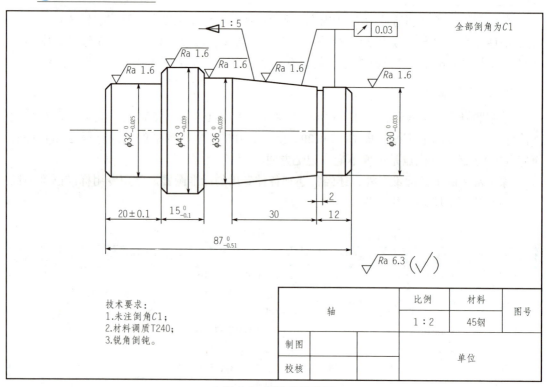

▲图 4-5　圆锥类零件图

2. 识读轴类零件图

(1) 读标题栏

从标题栏中可以了解此零件是一个轴，材料为 45 优质碳素结构钢，比例为 1∶2。

(2)分析视图

该零件图只有一个基本视图——主视图,轴线水平放置,能很清楚地表达零件的形状和结构。

(3)分析圆锥尺寸

从图 4-5 中可以看出,轴上有一段外圆锥,锥度为 1∶5,大端直径 $\phi36$,圆锥长度 30 mm,需要根据公式自行计算圆锥半角,以便于调整小溜板的角度。圆锥表面粗糙度 Ra 为 1.6 μm。

四、任务评价

任务评价表见表 4-2。

▼表 4-2　任务评价表

序号	考核项目	考核内容及要求	配分	评分标准	检测结果	得分
1	圆锥的分类	正确了解圆锥的分类及作用	10	不符合要求酌情扣分		
2	圆锥的各部分名称	正确了解圆锥的各部分名称	20	不符合要求酌情扣分		
3	识读零件图	正确识读圆锥类零件图样	20	不符合要求酌情扣分		
4	圆锥参数的计算	能根据已知参数,正确计算圆锥的参数	40	不符合要求酌情扣分		
5	职业素养	安全文明生产,符合国家颁发的有关法规或企业自定的有关规定	10	一项不符合要求不得分		

五、练习与提高

1)圆锥的基本参数有哪些?
2)常用的标准圆锥有哪些?

任务二　车削外圆锥体

一、任务目标

1)掌握圆锥体的加工方法。
2)掌握圆锥体的检测方法。

二、任务资讯

图 4-6 所示为注有锥度的零件图样。通过对该任务的学习,能掌握外圆锥零件的加工方法,并掌握外圆锥体的检测方法。

与其他型面车削相比,加工圆锥体除需保证尺寸精度、表面粗糙度以外,还需要保证角度和锥度的要求。

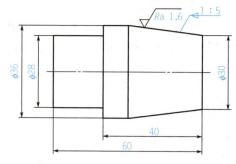

▲图 4-6 外圆锥零件

(一)熟悉车削圆锥体的方法

车削圆锥体的常用方法有以下四种。

1. 转动小滑板法

将小滑板转动一个圆锥半角,使车刀移动的方向和圆锥素线的方向平行,即可车出外圆锥,如图 4-7 所示。用转动小滑板法车削圆锥面操作简单,可加工任意锥度的内、外圆锥面;但加工长度受小滑板行程限制。另外,需要手动进给,劳动强度大,工件表面质量不高。

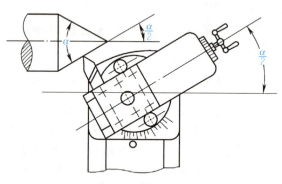

▲图 4-7 转动小滑板法

2. 偏移尾座法

车削锥度较小而圆锥长度较长的工件时,应选用偏移尾座法。车削时将工件装夹在两顶尖之间,把尾座横向偏移一段距离 S,使工件旋转轴线与车刀纵向进给方向相交成一个圆锥半角,如图 4-8 所示,即可车出正确外圆锥。采用偏移尾座法车外圆锥时,尾座的偏移量不仅与圆锥长度有关,而且还与两顶尖之间的距离(工件长度)有关。

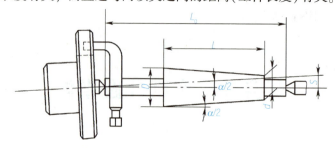

▲图 4-8 偏移尾座法

3. 仿形法

仿形法(又称靠模法)是刀具按仿形装置(靠模)进给车削外圆锥的方法,如图 4-9 所示。

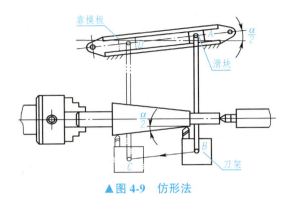

▲图 4-9 仿形法

4. 宽刃刀切削法

在车削较短的圆锥面时，也可以用宽刃刀直接车出。宽刃刀的切削刃必须平直，切削刃与主轴轴线的夹角应等于工件圆锥半角，如图 4-10 所示。使用宽刃刀车圆锥面时，车床必须具有足够的刚性，否则容易引起振动。当工件的圆锥素线长度大于切削刃长度时，也可以采用多次接刀的方法，但接刀处必须平整。

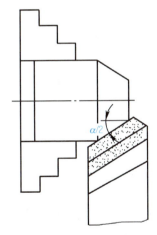

▲图 4-10 宽刃刀切削法

（二）测量圆锥体的方法

测量圆锥体，不仅要测量其尺寸精度，还要测量其角度（锥度）。

1. 角度测量

（1）用万能角度尺测量

使用万能角度尺测量圆锥体的方法如图 4-11 所示。
使用时要注意以下内容：
1）按工件所要求的角度，调整好万能角度尺的测量范围。
2）工件表面要清洁。

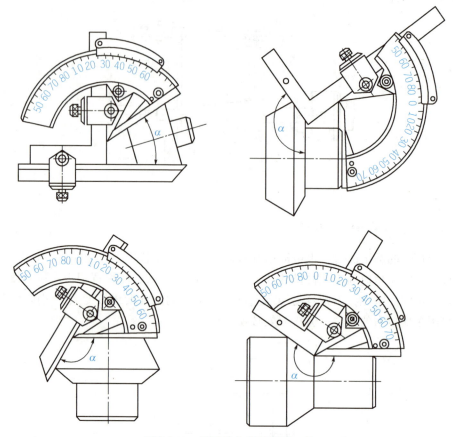

▲图 4-11 用万能角度尺测量工件

3)测量时,万能角度尺面应通过中心,并且一个面要与工件测量基准面吻合,透光检查;读数时,应固定好螺钉,然后离开工件,以免角度值变动。

(2)用角度样板测量

在成批或大批量生产时,可用专用的角度样板来测量工件,如图 4-12 所示。

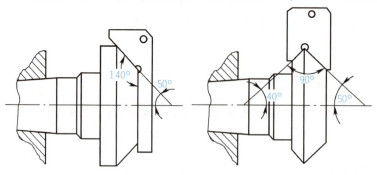

▲图 4-12 用角度样板测量工件

(3)用圆锥量规测量

在测量标准圆锥或配合精度要求较高的圆锥工件时,可使用圆锥量规。圆锥量规分为圆锥塞规和圆锥套规，如图 4-13 所示。

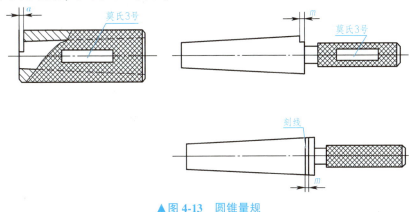

▲图 4-13　圆锥量规

用圆锥塞规测量内圆锥时，先在塞规表面上顺着锥体母线用显示剂均匀地涂上三条线（相隔约 120°），然后把塞规放入内圆锥中转动（约±30°），观察显示剂擦去情况；如果接触部位很均匀，说明锥面接触情况良好，锥度正确；如果小端擦去，大端没擦去，说明圆锥角大了，反之说明圆锥角小了。

测量外圆锥用圆锥套规，方法和用圆锥塞规测量工件的方法相同，但是显示剂应涂在工件上。

（4）用正弦尺测量

在平板上放一正弦尺，工件放在正弦尺的平面上，下面垫进量块，然后用百分表检查工件圆锥的两端高度，如百分表的读数值相同，则可记下正弦规下面的量块组高度片值，代入公式计算出圆锥角。将计算结果和工件所要求的圆锥角相比较，便可得出圆锥角的误差。也可先计算出垫块高度 H，把正弦尺一端垫高，再把工件放在正弦尺平面上，用百分表测量工件圆锥的两端，如百分表读数相同，就说明锥度正确，如图 4-14 所示。

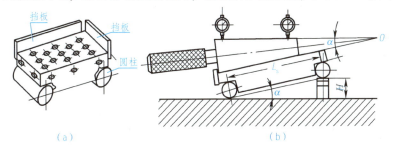

▲图 4-14　用正弦尺测量工件

2. 圆锥尺寸的检验

圆锥的尺寸一般用圆锥量规检验，如图 4-13 所示。圆锥量规除了有一个精确的锥形表面之外，在端面上有一个阶台或有两条刻线。阶台或刻线之间的距离就是圆锥大小端直径的公差范围。

应用圆锥塞规检验内圆锥时，如果两条刻线都进入工件孔内，则说明内圆锥太大；如果两条线都未进入,则说明内圆锥太小;只有第一条线进入,第二条线未进入,内圆锥大端直径尺寸才算合格。

(三) 转动小滑板车外圆锥的方法和步骤

1. 装夹工件和刀具

工件旋转中心必须与主轴旋转中心重合,车刀刀尖必须严格对准工件旋转中心,否则,车出的圆锥素线不是直线而是双曲线。

2. 确定小滑板的转动角度

根据工件图样选择相应的公式计算出圆锥半角 $\alpha/2$,即小滑板转动的角度。

3. 转动小滑板

用扳手将小滑板下面的转盘螺母松开,将转盘转至需要的圆锥半角 $\alpha/2$,当刻度与基准零线对齐后将转盘螺母紧固。$\alpha/2$ 的值通常不是整数,其小数部分用目测法估计,大致对准后再通过试车逐步找正。小滑板的角度值可以大于计算值的 $10'\sim 20'$,但不得小于计算值,角度偏小会使圆锥素线车长而难以修复圆锥长度尺寸。

当小滑板角度调整到相差不多时,只需把紧固螺母稍松一些,用左手拇指紧贴在小滑板转盘与中滑板底盘上,用铜棒轻轻敲小滑板所需找正的方向,凭手指的感觉决定微调量,这样可较快地找正锥度。注意消除中滑板间隙,同时小滑板不宜过松,以防工件表面车削痕迹粗细不一。另外,要防止扳手在扳小滑板紧固螺帽时打滑而撞伤手。

4. 粗车外圆锥

车前调整小滑板镶条间的间隙,依据圆锥长度调整小滑板的行程长度,再按圆锥大端直径车出圆柱体。

5. 找正圆锥角

用圆锥套规(或万能角度尺)检测,依据擦痕情况(透光情况)判断圆锥角度的大小,确定小滑板的调整方向和调整量,调整后再试车,直至圆锥角找正为止,然后粗车圆锥面,留 $0.5\sim 1$ mm 精车余量。

6. 精车外圆锥面

其目的是提高工件表面质量,控制圆锥面的尺寸精度。要求车刀必须锋利、耐磨,按精加工要求选择切削余量。

(四) 转动小滑板车削圆锥体的注意事项

1) 车刀必须对准工件旋转中心,避免产生双曲线(母线不直)误差。

2) 车削圆锥体前对圆柱直径的要求,一般应按圆锥体大端直径放余量 1 mm 左右。

3) 车刀切削刃要始终保持锋利,工件表面应一刀车出。

4) 采用转动小滑板法加工时,应两手握小滑板手柄,均匀移动小滑板。

5) 粗车时,进刀量不宜过大,应先找对锥度,以防工件车小而报废。一般留精车余量

0.5 mm。

6)采用偏移尾座法加工,偏移尾座时,应仔细、耐心、熟练掌握偏移方向。

7)用量角器检查锥度时,测量边应通过工件中心。用套规检查时,工件表面粗糙度要小,涂色要薄而均匀,转动量一般在半圈之内,多则易造成误判。

8)当车刀在中途刃磨以后装夹时,必须重新调整,使刀尖严格对准工件中心线。

三、任务实施

按图4-15所示的图样加工外圆锥体零件。

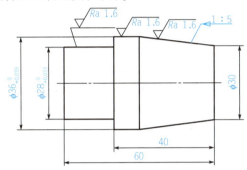

▲图4-15 外圆锥体零件图样

1. 准备工作

1)调整主轴转速,车床润滑部分加油润滑,检查车床各部分结构是否完好。
2)检查刀具、量具、工具是否齐全,整齐放至指定位置。
3)熟悉图样,检查毛坯是否符合图样要求。

刀具、量具、工具及毛坯规格见表4-3。

▼表4-3 刀具、量具、工具及毛坯规格

项目	规格
刀具	45°、90°外圆车刀
量具	游标卡尺(0~150 mm)、外径千分尺(0~25 mm、25~50 mm)、万能角度尺
工具	卡盘扳手、刀架扳手、垫片等
毛坯	$\phi40\times65$ mm

2. 装夹零件、刀具

1)使用三爪卡盘装夹零件毛坯。
2)装夹刀具时,注意刀具伸出长度、刀尖高度等。

3. 零件加工

零件加工步骤见表4-4。

▼ 表 4-4 零件加工步骤

步骤	工作内容	图示
1	装夹工件，伸出长度约 35 mm，车刀对中心并且刀杆中心线垂直于工件轴心线	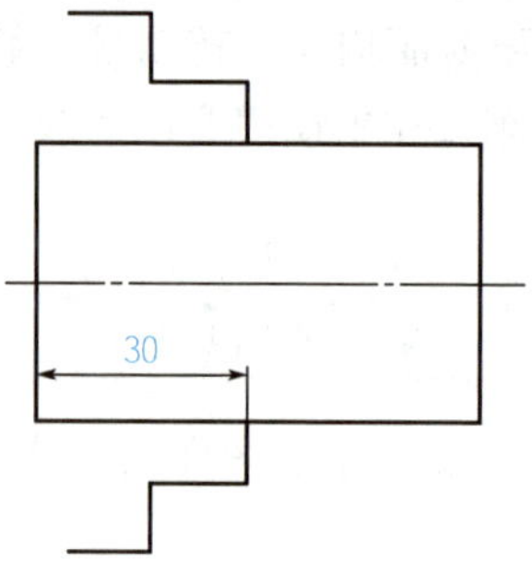
2	车平端面，粗、车外圆，粗精加工 $\phi 28$ 外圆至尺寸要求，保证长度尺寸 20 mm	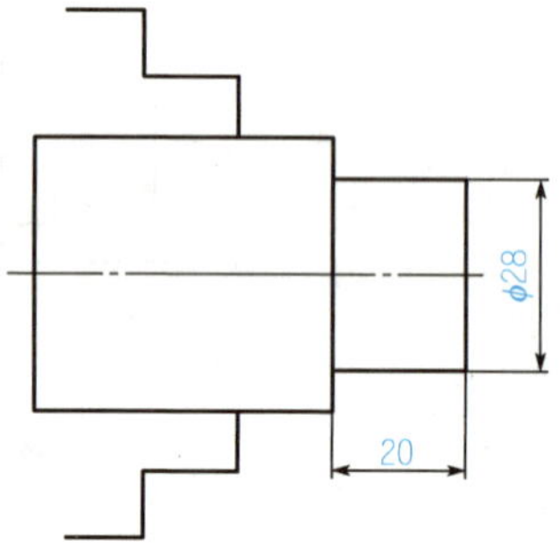
3	倒角 C1，锐角倒钝，检查各部分尺寸是否符合图样要求	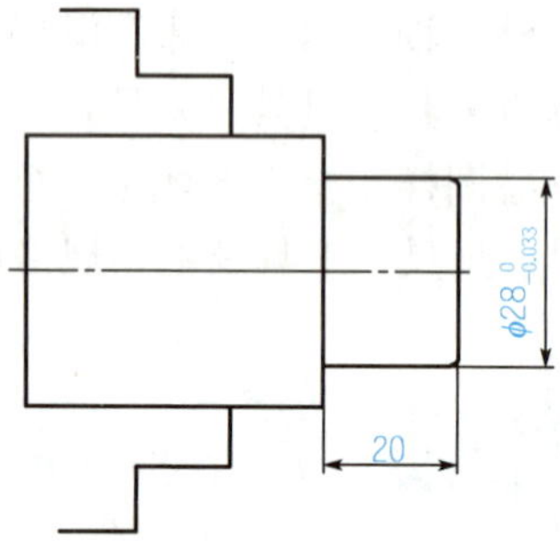
4	调头装夹 $\phi 28$ 外圆，车平端面，保证工件总长至尺寸要求 60 mm	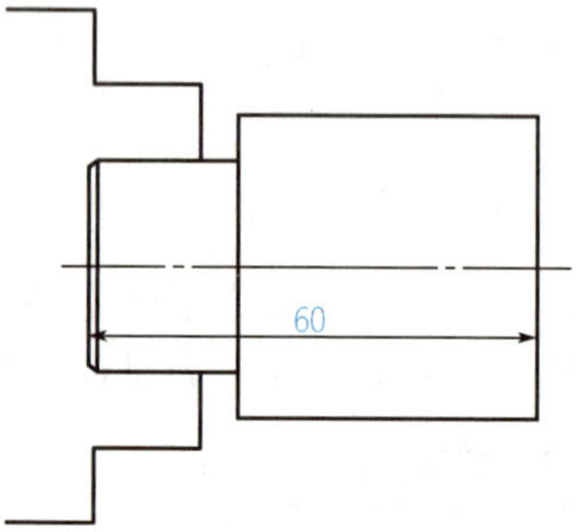

续表

步骤	工作内容	图示
5	粗、精加工外圆至 $\phi 36$，保证长度 40 mm	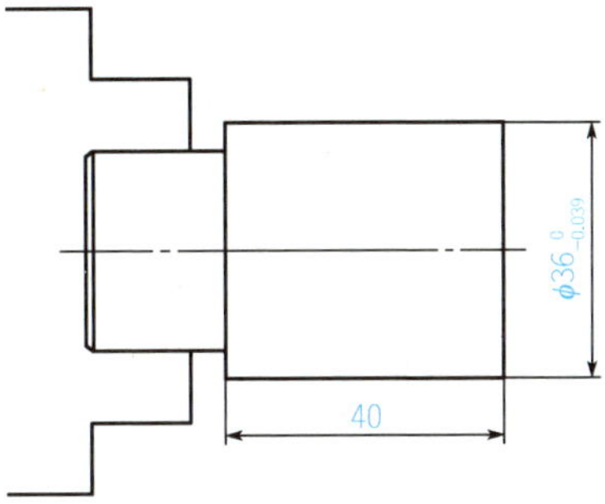 (图：外圆 $\phi 36_{-0.039}^{0}$，长度 40)
6	车 1∶5 圆锥体，测量圆锥体的锥度，并注意调整，使锥度符合要求	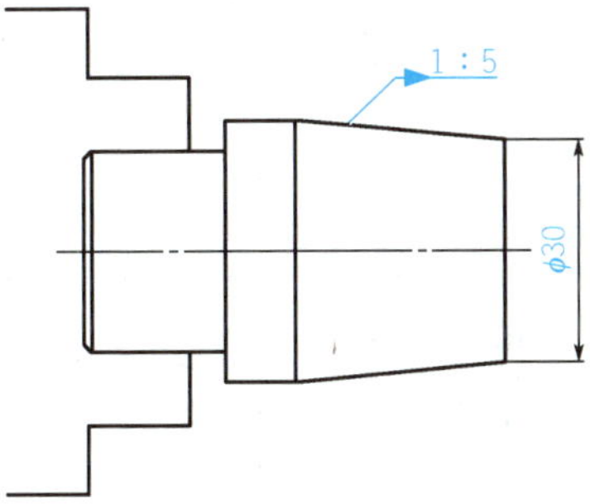 (图：1∶5 圆锥体，$\phi 30$)
7	锐角倒钝，检查各部分尺寸是否符合图样要求	
8	卸下零件，清除切屑，注意车床清洁、保养	

四、任务评价

任务评价表见表 4-5。

▼表 4-5 任务评价表

序号	考核项目	检测内容	配分	评分标准	检测结果	得分
1	外圆	$\phi 28_{-0.033}^{0}$ mm，$Ra1.6\ \mu m$	15	超差不得分		
2		$\phi 36_{-0.039}^{0}$ mm，$Ra1.6\ \mu m$	15	超差不得分		
3	锥面	锥度 1∶5，$Ra1.6\ \mu m$	30/20	超 2′扣 5 分		
4	长度	40 mm，60 mm	6	超差不得分		
5		倒角	4	不合格不得分		
6	职业素养	遵守工作现场规章制度和安全文明生产要求；正确使用刀具、量具、工具	10	一项不符合要求不得分，发生较严重安全事故取消考试资格		

任务三 车削内圆锥体

一、任务目标

1) 了解内圆锥体的加工方法。
2) 掌握转动小滑板加工内圆锥体的方法。
3) 掌握内圆锥体的测量方法。

二、任务资讯

图4-16所示为注有锥度的零件图样,通过对该任务的学习,掌握内圆锥类零件的加工方法,并掌握内圆锥体的检测方法。

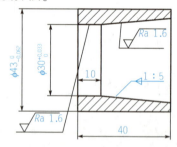

▲图4-16 内圆锥体零件图样

转动小滑板车外圆锥的方法和步骤如下:

1. 装夹工件和刀具

工件旋转中心必须与主轴旋转中心重合,车刀刀尖必须严格对准工件旋转中心,否则,车出的圆锥素线不是直线而是双曲线。

2. 钻孔及镗孔

根据图样要求,选择相应尺寸的麻花钻钻孔,并对孔进行精加工。

3. 确定小滑板的转动角度

根据工件图样选择相应的公式计算出圆锥半角 $\alpha/2$,即小滑板转动的角度。

4. 转动小滑板

用扳手将小滑板下面的转盘螺母松开,将转盘转至需要的圆锥半角 $\alpha/2$,当刻度与基准零线对齐后将转盘螺母紧固。α/2 的值通常不是整数,其小数部分用目测法估计,大致对准后再通过试车逐步找正。小滑板的角度值可以大于计算值的 10′~20′,但不得小于计算值,角度偏小会使圆锥素线车长而难以修复圆锥长度尺寸。

当小滑板角度调整到相差不多时,只需把紧固螺母稍松一些,用左手拇指紧贴在小滑板转盘与中滑板底盘上,用铜棒轻轻敲小滑板所需找正的方向,凭手指的感觉决定微调量,这样可较快地找正锥度。注意消除中滑板间隙,同时小滑板不宜过松,以防工件表面车削痕迹粗细不一。另外,要防止扳手在扳小滑板紧固螺帽时打滑而撞伤手。

5. 粗车内圆锥

车前调整小滑板镶条间的间隙,依据圆锥长度调整小滑板的行程长度,再按圆锥大端直径车出圆柱体。

6. 找正圆锥角

用圆锥塞规(或万能角度尺)检测,依据擦痕情况(透光情况)判断圆锥角度的大小,确定小滑板的调整方向和调整量,调整后再试车,直至圆锥角找正为止,然后粗车圆锥面,留 0.5~1 mm 精车余量。

7. 精车内圆锥面

精车的目的是提高工件表面质量,控制圆锥面的尺寸精度。要求车刀必须锋利、耐磨,按精加工要求选择切削余量。

三、任务实施

【试一试】

按图 4-16 所示的图样加工内圆锥体零件。

1. 准备工作

1)调整主轴转速,车床润滑部分加油润滑,检查车床各部分结构是否完好。
2)检查刀具、量具、工具是否齐全,整齐放至指定位置。
3)熟悉图样,检查毛坯是否符合图样要求。
刀具、量具、工具及毛坯规格见表 4-6。

▼表 4-6 刀具、量具、工具及毛坯规格

项目	规　　格
刀具	45°、90°外圆车刀,中心钻,ϕ27 麻花钻,镗孔刀,切断刀
量具	游标卡尺(0~150 mm)、外径千分尺(25~50 mm)、内径量表(18~33 mm)
工具	卡盘扳手、刀架扳手、垫片等
毛坯	ϕ45×60 mm

2. 装夹零件、刀具

1)使用三爪卡盘装夹零件毛坯。

2）装夹刀具，注意刀具伸出长度、刀尖高度等。

3. 零件加工

零件加工步骤见表4-7。

▼表4-7 零件加工步骤

步骤	工作内容	图示
1	装夹工件，伸出长度约48 mm，车刀对中心并且刀杆中心线垂直于工件轴心线	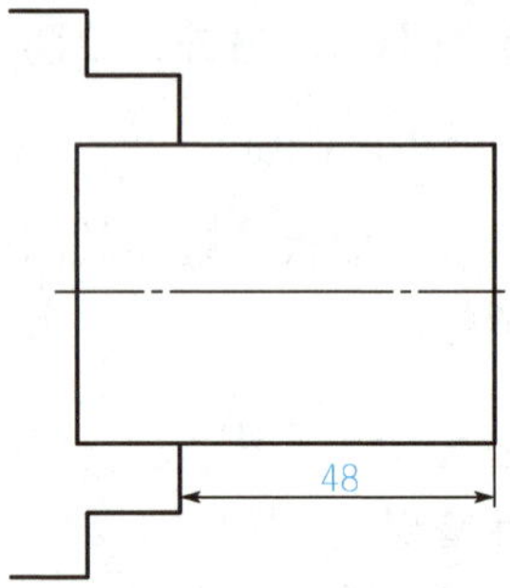
2	车端面，粗、精车外圆至 $\phi 43$，长度尺寸为42 mm	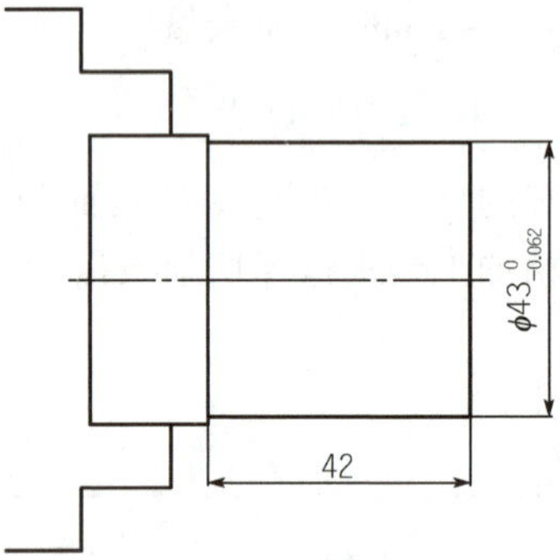
3	用 $\phi 27$ 钻头钻孔，长约45 mm	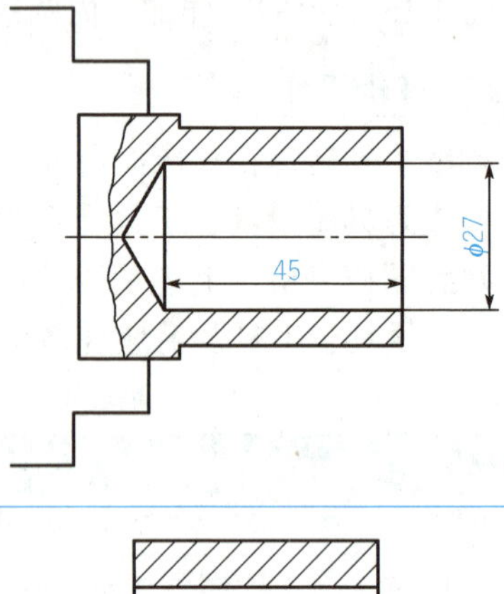
4	切断工件，长度约42 mm	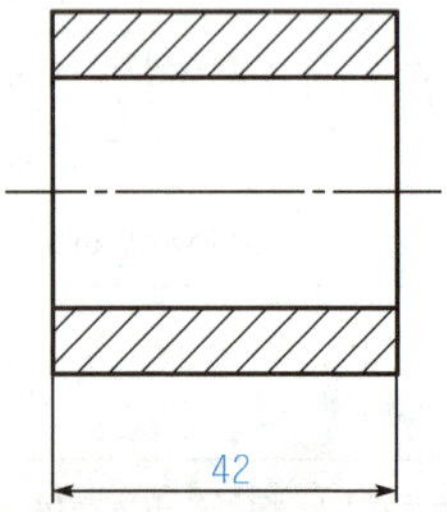

续表

步骤	工作内容	图示
5	车平端面，保证总长 40 mm	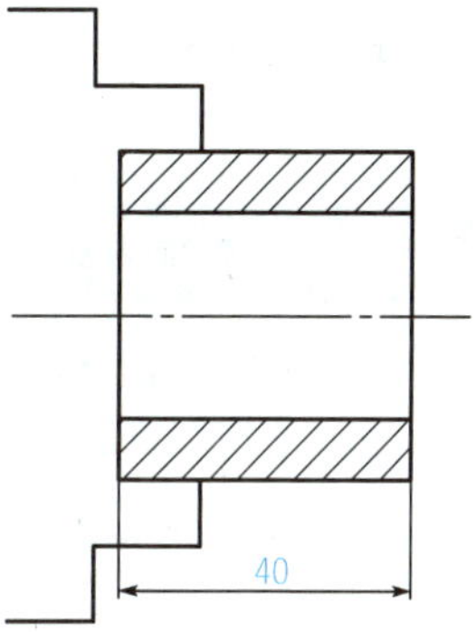
6	粗、精车 φ30 内孔，符合尺寸要求	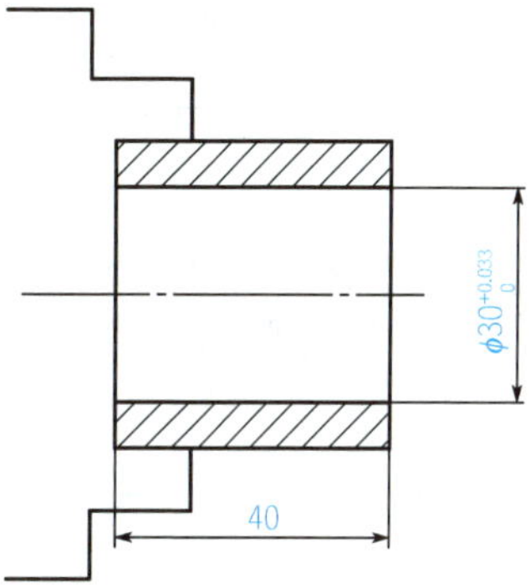
7	车内圆锥，测量圆锥体的锥度，并注意调整，使锥度符合要求	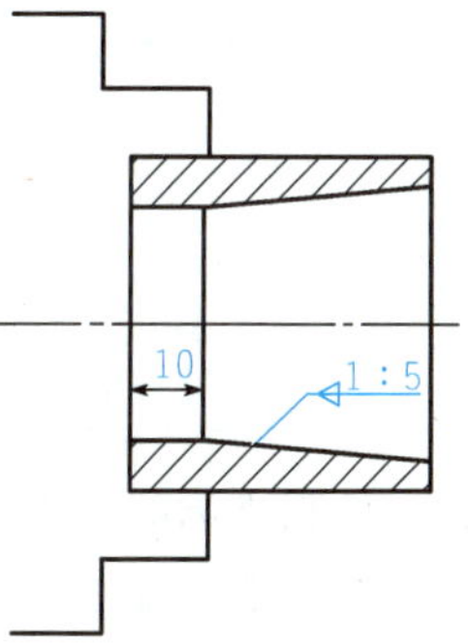
8	锐角倒钝，检查各部分尺寸是否符合图样要求	
9	卸下零件，清除切屑，注意车床清洁、保养	

四、任务评价

任务评价表见表 4-8。

▼表 4-8　任务评价表

序号	考核项目	检测内容	配分	评分标准	检测结果	得分
1	外圆	$\phi 30^{+0.033}_{0}$ mm，$Ra1.6$ μm	15	超差不得分		
2		$\phi 43^{0}_{-0.062}$ mm，$Ra1.6$ μm	15	超差不得分		
3	锥面	锥度 1∶5，$Ra1.6$ μm	30/20	超 2′扣 5 分		
4	长度	40 mm，10 mm	6	超差不得分		
5		倒角	4	不合格不得分		
6	职业素养	遵守工作现场规章制度和安全文明生产要求；正确使用刀具、量具、工具	10	一项不符合要求不得分，发生较严重安全事故取消考试资格		

任务四　内外圆锥配合加工

一、任务目标

1）掌握内外圆锥体的加工方法。
2）掌握转动小滑板加工圆锥体的方法。
3）掌握内外圆锥体的测量方法。

二、任务资讯

图 4-17 所示为内外圆锥配合加工图样。通过对该任务的学习，掌握内外圆锥配合加工方法，并掌握内外圆锥体的测量方法。

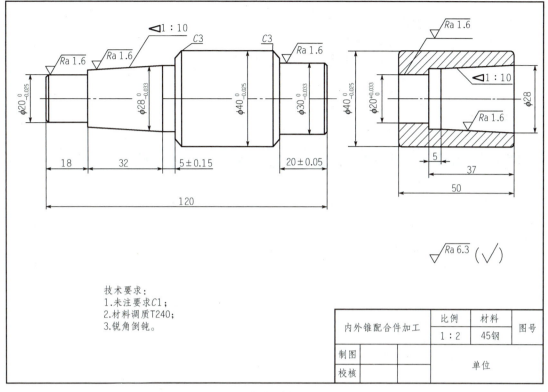

▲ 图 4-17　内外圆锥配合加工图样

三、任务实施

▲【试一试】

按图 4-17 所示的图样加工内外圆锥体零件。

1. 准备工作

1）调整主轴转速，车床润滑部分加油润滑，检查车床各部分结构是否完好。
2）检查刀具、量具、工具是否齐全，整齐放至指定位置。
3）熟悉图样，检查毛坯是否符合图样要求。
刀具、量具、工具毛坯规格见表 4-9。

▼ 表 4-9　刀具、量具、工具及毛坯规格表

项目	规　　格
刀具	45°、90°外圆车刀、中心钻、ϕ18 麻花钻、镗孔刀、切断刀
量具	游标卡尺(0~150 mm)、外径千分尺(25~50 mm)、内径量表(18~33 mm)
工具	卡盘扳手、刀架扳手、垫片等
毛坯	ϕ45×180 mm

2. 装夹零件、刀具

1) 使用三爪卡盘装夹零件毛坯。
2) 装夹刀具，注意刀具伸出长度、刀尖高度等。

3. 零件加工

零件加工步骤见表 4-10。

▼表 4-10　零件加工步骤

步骤	工作内容	图示
1	装夹工件，伸出长度约 70 mm，车刀对中心并且刀杆中心线垂直于工件轴心线	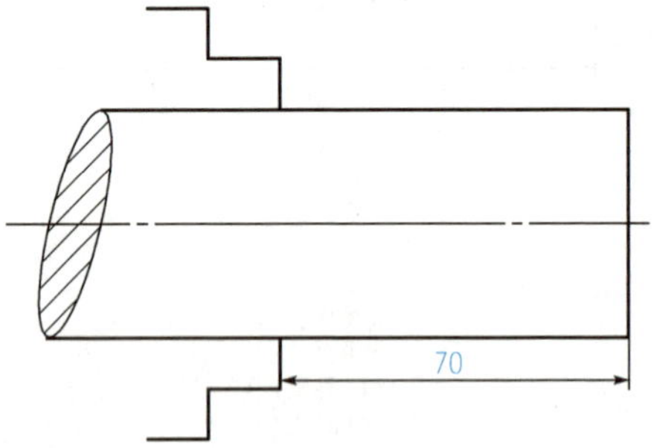
2	车端面，粗、精车外圆至 ϕ40，长度尺寸为 55 mm	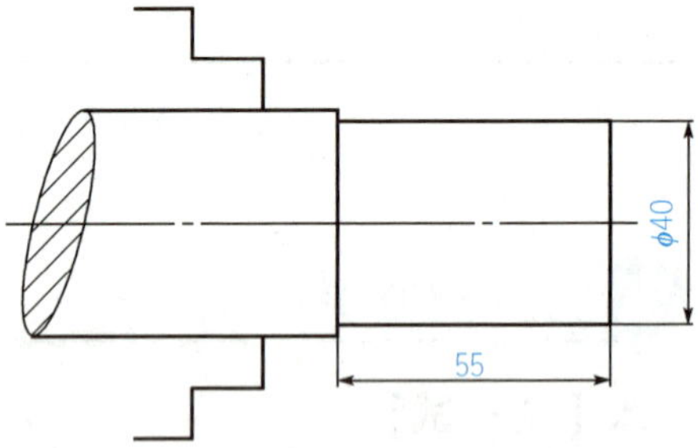
3	用 ϕ18 钻头钻孔，长约 51 mm	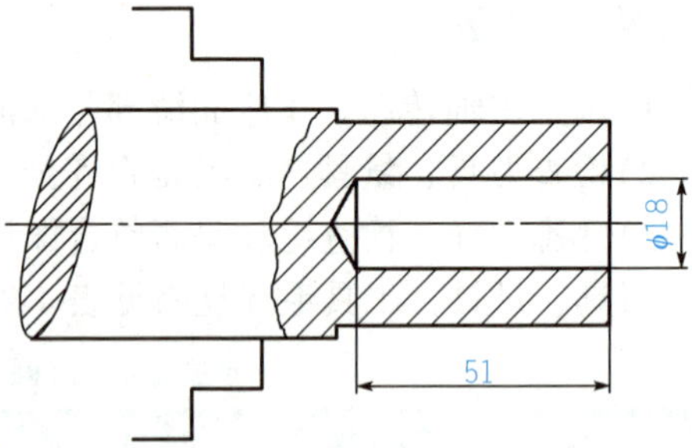
4	切断工件，控制长度 51 mm(备用)	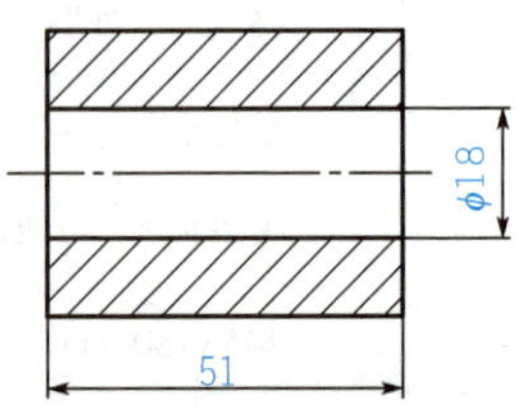

续表

步骤	工作内容	图示
5	将剩余材料重新装夹，伸出长度约 70 mm，车刀对中心并且刀杆中心线垂直于工件轴心线	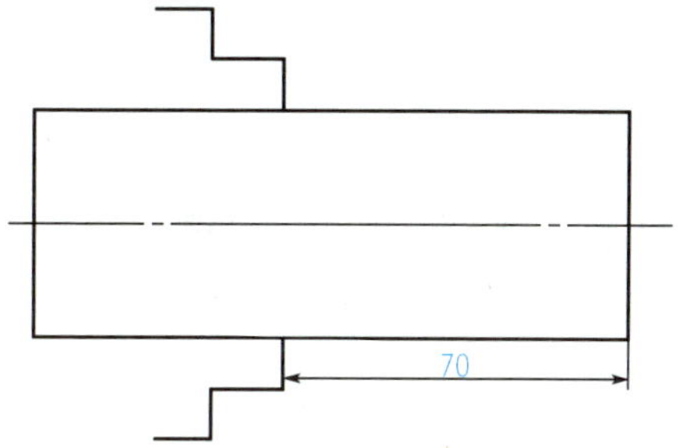
6	粗、精车外圆至 $\phi40$、$\phi30$，长度尺寸 45 mm、20 mm。保证 $Ra1.6\ \mu m$，$C1$、$C3$ 倒角两处	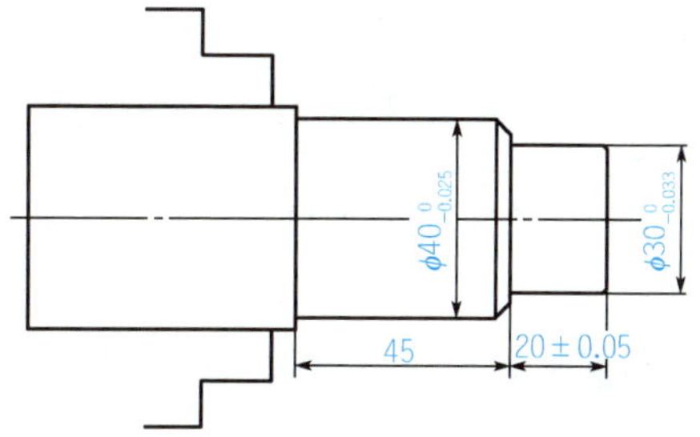
7	调头装夹 $\phi30$ 外圆并找正。车端面，保证总长 120 mm，钻中心孔，一夹一顶装夹	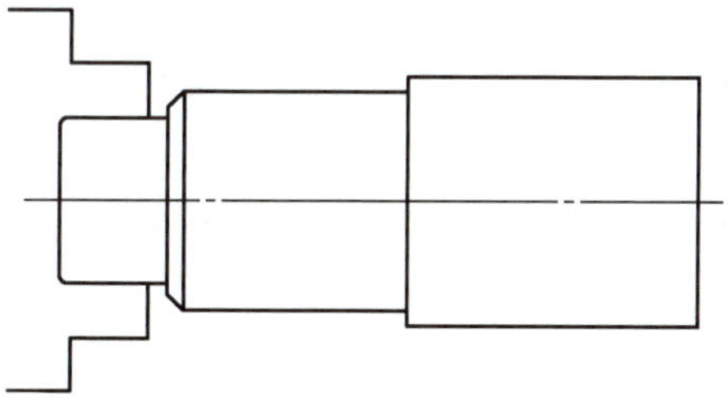
8	粗、精车外圆至 $\phi28$、$\phi20$，长度尺寸 37 mm、18 mm。保证 $Ra1.6\ \mu m$，$C1$、$C3$ 倒角两处	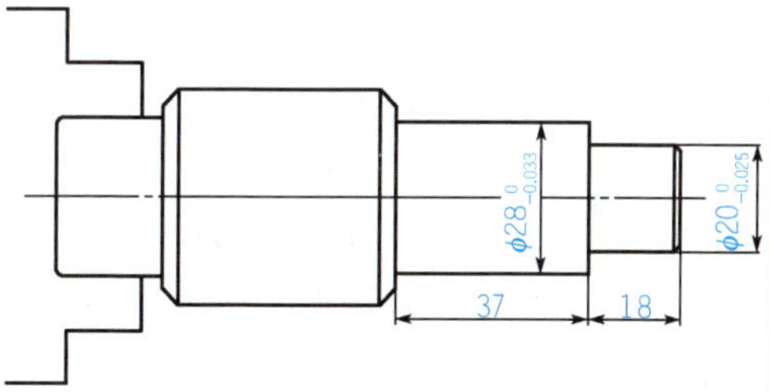
9	车外圆锥，测量圆锥体的锥度，并注意调整，使锥度符合要求，保证长度 5 mm ± 0.15 mm，$Ra1.6\ \mu m$，$C1$ 倒角一处	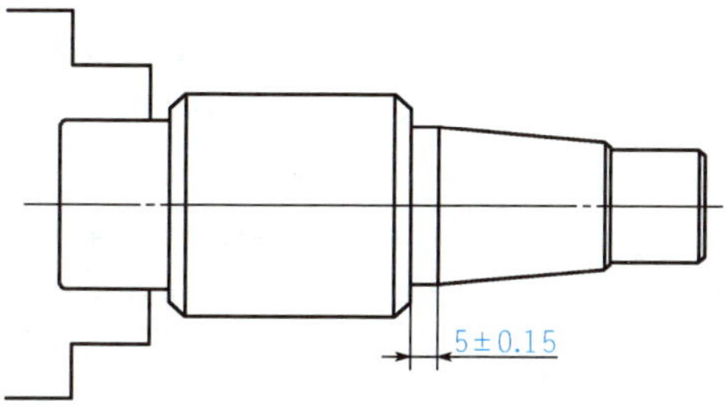

续表

步骤	工作内容	图示
10	装夹第二件工件，车端面，保证总长 50 mm	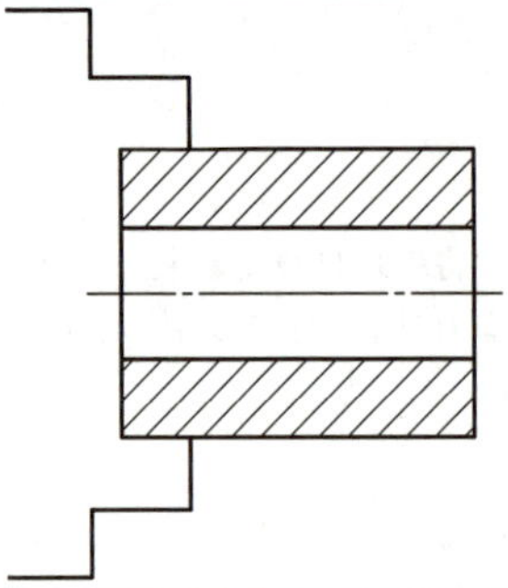

四、任务评价

任务评价表见表4-11。

焊花为大国重器
增辉——卢仁峰

▼表4-11 任务评价表

序号	考核项目	考核内容及要求	配分	评分标准	检测结果	得分
1	外圆	$\phi 20_{-0.025}^{0}$ mm，$Ra1.6$ μm	5/2	超差0.01 mm扣2分，Ra降一级扣1分		
2		$\phi 28_{-0.033}^{0}$ mm，$Ra6.3$ μm	5/1	超差0.01 mm扣2分，Ra超差不得分		
3		$\phi 30_{-0.033}^{0}$ mm，$Ra1.6$ μm	5/2	超差0.01 mm扣2分，Ra降一级扣1分		
4		$\phi 40_{-0.035}^{0}$ mm，$Ra6.3$ μm	5/1	超差0.01 mm扣2分，Ra超差不得分		
5		$\phi 20_{0}^{+0.033}$ mm，$Ra1.6$ μm	5/2	超差0.01 mm扣2分，Ra降一级扣1分		
6	锥面	外圆锥锥度1∶10，$Ra1.6$ μm	10/10	超2′扣5分，Ra降一级扣5分		
7		内圆锥 $Ra1.6$ μm	10	Ra降一级扣5分		
8		内外圆锥配合涂色检查	20	接触小于70%不得分		
9	长度	5 mm±0.15 mm	4	超0.05 mm扣2分		
10		20 mm±0.05 mm	4	超0.05 mm扣2分		
11		18 mm、32 mm、120 mm、5 mm、37 mm、50 mm	6	超差不得分		
12		倒角	3	一处不合格扣0.5分		
13	职业素养	遵守工作现场规章制度和安全文明生产要求；正确使用刀具、量具、工具	10	一项不符合要求不得分，发生较严重安全事故取消考试资格		

项目五 加工三角螺纹

在机械制造业中，有许多零件都具有螺纹。由于螺纹既可用于连接、紧固及调节，又可用来传递动力或改变运动形式，因此应用十分广泛。螺纹的加工方法有多种，在专业生产中，一般采用滚压螺纹、轧制螺纹及搓螺纹等一系列先进工艺；而在机械加工中，通常采用车削的方法来加工螺纹(图 5-1)。

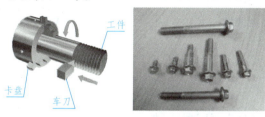

▲图 5-1 典型的螺纹加工

任务一 认识三角螺纹

一、任务目标

1）了解螺纹的分类、基本概念、各部分名称及相关计算。
2）会识读螺纹标记。
3）能正确识读螺纹零件图。

二、任务资讯

在固体外表面或内表面的截面上，有均匀螺旋线凸起的三角形形状的螺纹称为三角螺纹。

（一）螺纹的形成

假设有一直角三角形 $\triangle ABC$，其中，$AB = \pi d$，$\angle CAB = \varphi$，把该三角形按逆时针方向围

绕直径为 d 的圆柱体旋转一周(图 5-2),则三角形中 B 点与 A 点重合,C 点与圆柱体上 C' 点重合,而原来的斜边 AC 在圆柱面上形成一条曲线,这条曲线称为螺旋线。螺旋线与圆柱体端面的夹角 φ($\angle CAB$)称为螺纹升角。$AC' = BC = P$,把 P 称为螺旋线的螺距。

根据以上形成螺旋线的方法,现把圆柱体改成工件装夹在车床上,然后使工件做旋转运动,车刀沿工件轴线方向做等速移动(即进给运动),则在工件外圆上可以形成一条螺旋线,如图 5-3 所示。经多次切削,该螺旋线就形成了螺纹。这就是螺纹的切削原理。

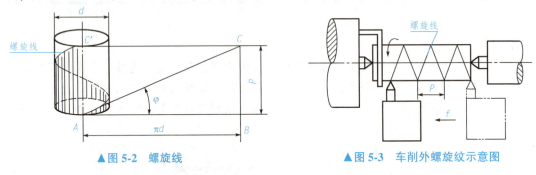

▲图 5-2 螺旋线　　　　　　　　　▲图 5-3 车削外螺旋纹示意图

(二)螺纹的分类

1)按用途分:螺纹可分为紧固螺纹(如车床上装夹车刀的螺纹)、传动螺纹(如车床上长丝杠)、密封螺纹(车床冷却管接头)等。

2)按牙型分:螺纹可分为三角形螺纹、矩形螺纹、锯齿形螺纹、梯形螺纹和圆形螺纹,如图 5-4 所示。

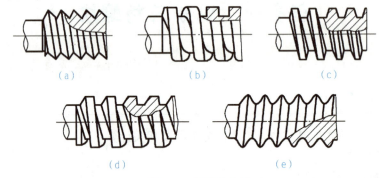

▲图 5-4 螺纹的分类

(a)三角形螺纹;(b)矩形螺纹;(c)梯形螺纹;(d)锯齿形螺纹;(e)圆形螺纹

3)按螺旋线方向分:螺纹可分为右旋螺纹和左旋螺纹,如图 5-5 所示。

4)按螺旋线数分:螺纹可分为单线螺纹和多线螺纹。圆柱体端面上只有一条螺纹起点的称为单线螺纹;有两条或两条以上螺纹起点的称为多线螺纹。本书主要介绍单线螺纹的车削。

5)按螺纹母体形状分:螺纹可分为圆柱螺纹和圆锥螺纹,如图 5-6 所示。

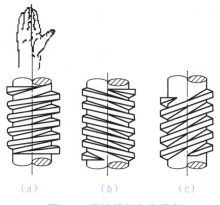
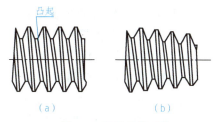

▲图 5-5　螺纹的旋向和线数

(a) 单线右旋；(b) 双线左旋；(c) 三线右旋

▲图 5-6　螺纹母体形状

(a) 圆柱螺纹；(b) 圆锥螺纹

螺纹还分为公制螺纹与英制螺纹，我国实行的是公制螺纹，英制螺纹只是用在管子的接头上。

在圆柱体外表面上形成的螺纹称为外螺纹。在圆柱体内表面上形成的螺纹称为内螺纹。

(三) 螺纹的各部分名称

三角形螺纹的各部分名称如图 5-7 所示。

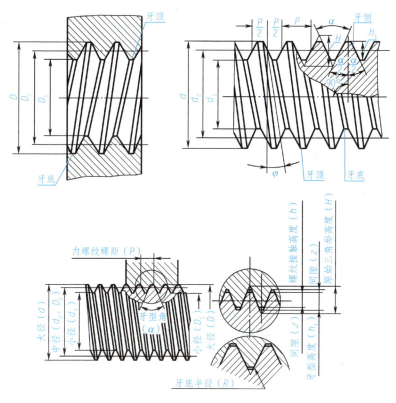

▲图 5-7　三角形螺纹的各部分名称

1) 牙型角（α）：在螺纹牙型上，两相邻牙侧间的夹角。普通三角形螺纹 α 为 60°。

2) 螺距（P）：相邻两牙在中径线上对应两点间的轴向距离。

3) 导程（P_h）：在同一螺旋线上的相邻两牙在中径线上对应两点之间的轴向距离，即螺纹旋转一圈后沿轴向所移动的距离。当螺纹为单线时，导程 P_h 等于螺距 P；当螺纹为多线时，导程 P_h 等于螺纹的线数 n 乘以螺距 P。

4) 大径（d、D）：与外螺纹牙顶或内螺纹牙底相重合的假想圆柱面的直径。外螺纹大径用 d 表示，内螺纹大径用 D 表示。

5) 中径（d_2、D_2）：母线通过牙型上沟槽和凸起宽度相等的一个假想圆柱的直径。外螺纹中径用 d_2 表示，内螺纹中径用 D_2 表示。

6) 小径（d_1、D_1）：与外螺纹牙底或内螺纹牙顶相重合的假想圆柱面的直径。外螺纹小径用 d_1 表示，内螺纹小径用 D_1 表示。

7) 原始三角形高度（H）：由原始三角形顶点沿垂直于螺纹轴线方向到其底边的距离。

8) 牙型高度（h_1）：在螺纹牙型上，牙顶到牙底在垂直于螺纹轴线方向上的距离。

9) 螺纹接触高度（h）：两个相互配合螺纹的牙型上，牙侧重合部分在垂直于螺纹轴线方向上的距离。

10) 间隙（z）：牙型高度与螺纹接触高度之差。

11) 螺纹升角（φ）：在中径圆柱或中径圆锥上，螺旋线的切线与垂直于螺纹轴线的平面间的夹角，如图 5-7 所示。

螺纹升角可按下式计算：

$$\tan\varphi = \frac{NP}{\pi d_2} = \frac{L}{\pi d_2}$$

式中　n——螺旋线数；
　　　P——螺距，mm；
　　　d_2——中径，mm；
　　　L——导程，mm。

(四) 普通螺纹的标记与尺寸计算

普通螺纹是应用最广泛的一种三角螺纹。普通螺纹可分为粗牙普通螺纹和细牙普通螺纹，牙型角均为 60°，如图 5-8 所示。

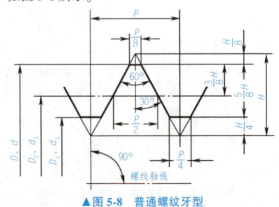

▲图 5-8　普通螺纹牙型

粗牙普通螺纹的代号用字母"M"及公称直径表示，如 M16、M27 等。操作者必须熟记 M6～M24 的螺距，因为粗牙普通螺纹的螺距是不直接标注的，且 M6～M24 是经常使用的螺纹。表 5-1 列出了 M6～M24 螺纹的螺距。

▼表 5-1　M6～M24 螺纹的螺距　　　　　　　　　　　　　　　　（mm）

公称直径	螺距(P)	公称直径	螺距(P)
6	1	16	2
8	1.25	18	2.5
10	1.5	20	2.5
12	1.75	22	2.5
14	2	24	3

细牙普通螺纹与粗牙普通螺纹的区别：当公称直径相同时，细牙普通螺纹的螺距比粗牙普通螺纹的螺距要小。细牙普通螺纹的螺距是直接标注的，如 M16×1.5，表示螺纹的公称直径是 16 mm，螺距是 1.5 mm。

在螺纹代号后若注明"LH"，如 M6-LH、M16×1.5-LH 等，则是左旋螺纹，未注明的为右旋螺纹。

普通螺纹的基本尺寸计算见表 5-2。

▼表 5-2　普通螺纹的基本尺寸计算

	名称	代号	计算公式
外螺纹	牙型角	α	60°
	原始三角形高度	H	$H = 0.866P$
	牙型高度	h	$h = \frac{5}{8}H = \frac{5}{8} \times 0.866P = 0.5413P$
	中径	d_2	$d_2 = d - 2 \times \frac{5}{8}H = d - 0.6495P$
	小径	d_1	$d_1 = d - 2h = d - 1.0825P$
内螺纹	中径	D_2	$D_2 = d_2$
	小径	D_1	$D_1 = d_1$
	大径	D	$D = d =$ 公称直径
	螺纹升角	φ	$\tan\varphi = \frac{nP}{\pi d_2}$

（五）螺纹零件图样的识读方法和步骤

1）读标题栏：了解零件名称、材料、比例、图号等。
2）分析视图：了解零件视图表达方式，模拟想象螺纹零件整体结构、形状。
3）分析尺寸：了解计算螺纹各部分尺寸、尺寸公差及精度要求等。
4）看技术要求：了解零件热处理要求、配合要求、未注倒角要求、去毛刺及倒钝要求等。

三、任务实施

【试一试】

识读图 5-9 所示螺纹类零件图样。

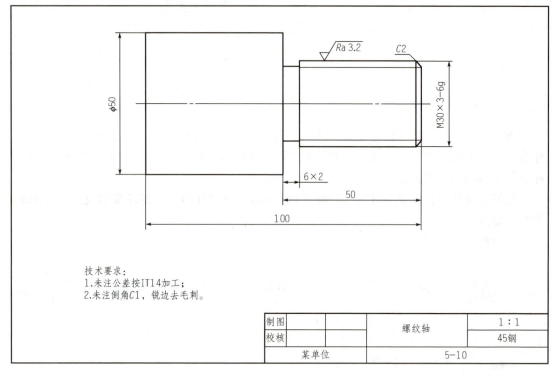

▲图 5-9　螺纹类零件图样

（1）读标题栏

从标题栏中可以知道此零件是一个螺纹轴，材料为 45 优质碳素结构钢，比例为 1∶1。

（2）分析视图

该零件图只有一个基本视图——主视图，轴线水平放置，能很清楚表达零件的形状和结构。

（3）分析尺寸

从图 5-9 中可以看出，不同直径处的直径尺寸，均以轴心为标注尺寸的基准；长度方向上以轴两端面为主要尺寸基准，以阶梯轴的台阶面为尺寸辅助基准，加工、测量都比较方便。

螺纹表面粗糙度 Ra 的值为 3.2 μm。

M30×2-6g 表示阶梯轴的最右端是公称尺寸为 30 mm、螺距是 2 mm 的普通细牙螺纹，公差等级为 6 g（查表计算出螺纹各要素）。

6×2 表示退刀槽的宽度为 6 mm，深度为 2 mm。

（4）看技术要求

技术要求中未注倒角均为 $C1(1×45°)$，未注公差按 IT14 加工，零件锐角要去毛刺。

四、任务评价

任务评价表见表 5-3。

▼表 5-3 任务评价表

序号	考核项目	考核内容及要求	配分	评分标准	检测结果	得分
1	螺纹的分类	了解螺纹的分类及作用	20	不符合要求酌情扣分		
2	普通螺纹的各部分几何要素含义	了解螺纹的各部分名称	20	不符合要求酌情扣分		
3	识读螺纹类零件图	掌握识读螺纹类零件图的方法及步骤,能正确识读螺纹类零件图样	40	不符合要求酌情扣分		
4	查表并计算出螺纹各要素尺寸公差	能熟练地根据公差等级查表并计算出螺纹各要素尺寸公差	20	不符合要求酌情扣分		

五、相关资讯

英制螺纹、圆锥管螺纹车削简介

1. 英制螺纹车削简介

我国设计新产品时,不使用英制螺纹,只有在某些进口设备中和维修旧设备时应用。

英制螺纹的牙型如图 5-10 所示,它的牙型角为 55°(美制螺纹为 60°),公称直径是指内螺纹的大径,用 in 表示。螺距 P 以 1 in(25.4 mm)中的牙数行表示,如 1 in 中有 12 牙,则螺距为 $\frac{1}{12}$ in。英制螺距与米制螺距的换算关系如下:

$$P = \frac{1 \text{ in}}{n} = \frac{25.4}{n} \text{ mm}$$

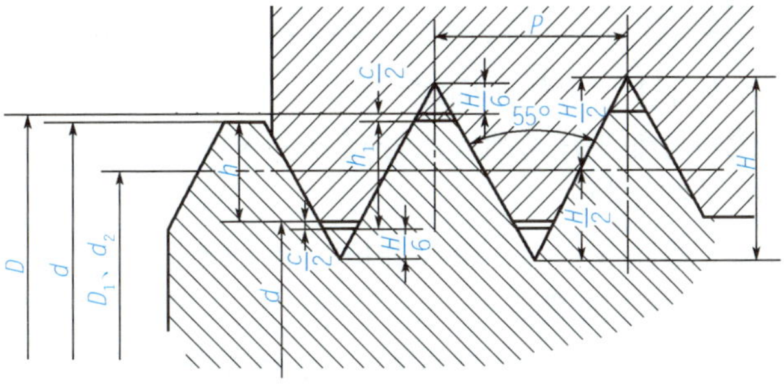

▲图 5-10 英制螺纹牙型

英制螺纹 1 in 内的牙数及各基本要素的尺寸可从有关手册查出。英制螺纹的车削方法与普通螺纹的车削方法相同。

2. 圆锥管螺纹车削简介

圆锥管螺纹是一种英制细牙螺纹,用于管路连接。圆锥管螺纹的牙型角有 55°和 60°两种,其公称直径是指管子的孔径(以 in 为单位)。圆锥管螺纹有 1:16 的锥度(圆锥半角 $a/2 = 1°47'24''$)。圆锥管螺纹的大径、中径和小径应在基面内测量,如图 5-11 所示。

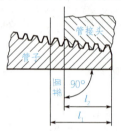

▲图 5-11 圆锥管螺纹

圆锥管螺纹的车削方法与三角螺纹的车削方法相似,所不同的是需要解决螺纹的锥度问题。车削圆锥管螺纹的常用方法有靠模法、偏移尾座法和手赶法等。其中,手赶法是在车削螺纹时,径向手动退刀或进刀,使刀尖沿着与圆锥素线平行的方向运动,以保证螺纹的锥度和尺寸的方法。具体操作如图 5-12 所示。

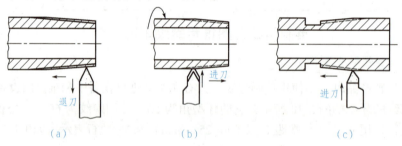

▲图 5-12 车圆锥管螺纹时的进刀方法

(a)径向退刀车圆锥管螺纹;(b)车刀反装径向进刀车正圆锥管螺纹;(c)车刀正装径向进刀车反圆锥管螺纹

六、练习与提高

1)什么是螺纹?在车床上,怎样车削螺纹?
2)粗牙普通螺纹代号与细牙普通螺纹代号有哪些不同点?
3)螺纹按牙型可分为哪几种?
4)写出螺纹牙型角、螺距、中径、螺纹升角的定义和代号。
5)写出 M6~M24 普通螺纹的螺距。
6)计算 M24、M16×1.5、M48×3 的牙型高度(h_1)、螺纹中径(d_2)和内螺纹小径(D_1)。

任务二　加工外三角螺纹

一、任务目标

1）掌握三角螺纹车刀的几何角度、作用及刃磨的操作要领。
2）熟练掌握三角螺纹车削的操作规程及技术要领。
3）熟练掌握三角螺纹的车削及测量方法。

二、任务资讯

螺纹的加工方法有滚压螺纹、轧螺纹及搓螺纹。在普通车床上也可以进行螺纹加工。螺纹车刀按加工性质属于成型刀具，螺纹车削的质量好坏关键在于螺纹车刀的刃磨。车削方法有低速车削和高速车削外两种。初学车削螺纹，以防退刀不及时，不宜高速车削。低速车削外三角螺纹的进刀方式有直进法、左右切削法和斜进法三种。车削有退刀槽的螺纹时，常采用提开合螺母法和倒顺车法。

（一）外三角螺纹车刀的刃磨及装夹

1. 螺纹车刀材料的选择

按车刀切削部分的材料不同，螺纹车刀分为高速钢螺纹车刀和硬质合金螺纹车刀两种。

（1）高速钢螺纹车刀

高速钢螺纹车刀刃磨方便，切削刃锋利，韧性好，刀尖不易崩裂，车出螺纹的表面粗糙度值小，但它的热稳定性差，不宜高速车削，所以常用于低速切削或作为螺纹精车刀。

（2）硬质合金螺纹车刀

硬质合金螺纹车刀的硬度高、耐磨性好、耐高温、热稳定性好；但抗冲击能力差，因此，硬质合金螺纹车刀适用于高速切削。

2. 螺纹车刀的几何参数

高速钢普通外螺纹车刀的几何角度如图 5-13 所示。对于三角螺纹车刀，其几何角度一般按以下原则进行选择：

1）刀尖角 ε_r 等于牙型角。对于普通三角螺纹车刀，刀尖角 $\varepsilon_r = 60°$；车削英制螺纹时，$\varepsilon_r = 55°$。

2）对于高速钢螺纹车刀，为使切削顺利和提高表面质量，一般磨有 0°～15° 的背前角 γ_p。粗车时，$\gamma_p = 5°～15°$；精车时，$\gamma_p = 0°～5°$。

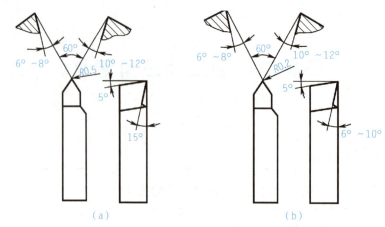

▲图 5-13　高速钢三角螺纹车刀
(a)粗车刀；(b)精车刀

当背前角等于 0°时，刀尖角应等于牙型角；当背前角不等于 0°时，必须修正刀尖角。螺纹车刀前面刀尖角 ε' 修正值见表 5-4。

▼表 5-4　螺纹车刀前面刀尖角修正值

刀尖角　牙型角 径向前角	60°	55°	40°	30°	29°
0°	60°	55°	40°	30°	29°
5°	59°48′	54°48′	39°51′	29°53′	28°53′
10°	59°14′	54°16′	39°26′	29°33′	28°34′
15°	58°18′	53°23′	38°44′	29°01′	28°03′
20°	56°57′	52°8′	37°45′	28°16′	27°19′

3）螺纹升角 φ 对螺纹车刀工作后角的影响。车螺纹时，由于螺纹升角的影响，使车刀工作时的后角与车刀静止时的后角数值不相同。螺纹升角 φ 越大，对工作后角的影响越明显。螺纹车刀的工作后角一般为 3°~ 5°。

3. 刃磨螺纹车刀时基本要求

刃磨螺纹车刀时，必须注意以下基本要求：

1）正常情况下，车刀刀尖角应等于牙型角。当径向前角 γ_0>0°时，应按照表 5-4 修正刀尖角。

2）螺纹车刀的两个主切削刃必须刃磨平直，并且对称。

3）螺纹车刀的切削部分不能歪斜，刀尖半角 $\varepsilon'r/2$ 必须对称。

4）螺纹车刀的前面和两个主后面的表面粗糙度应较小。

4. 磨刀操作时的注意事项

在刃磨螺纹车刀时，应注意以下几事项：

1）操作者的站立姿势要正确，身体不要歪斜，以免影响刀具角度的准确性。

2）粗磨具有径向前角的螺纹车刀时，应使刀尖角略微大于牙型角，待磨好前角后，再修磨两主切削刃之间的夹角。

3）刃磨高速钢螺纹车刀时，应选用细粒度砂轮。

4）刃磨螺纹车刀时，施加在刀具上的压力应小于一般车刀，并常用水冷却，以防止过热引起退火。

5. 高速钢三角螺纹车刀的刃磨步骤

高速钢三角螺纹车刀的刃磨通常分为粗磨和精磨两个阶段。

（1）粗磨

粗磨时，选用粗粒度的氧化铝砂轮，按照以下步骤进行：

1）粗磨车刀后面，磨出刀尖角和两侧后角。

2）粗磨车刀前面，磨出前角。

（2）精磨

精磨时，选用细粒度的氧化铝砂轮，按照以下步骤进行：

1）精磨车刀前刀面，使径向前角达到刃磨要求。

2）根据径向前角计算出实际刀尖角的数值。

3）精磨车刀后面，使左、右两侧后角达到刃磨要求，使左侧工作后角比右侧工作角度略大 2°，将刀尖角刃磨到与计算数值相同。

4）磨出刀、尖圆弧。

5）用专用油石研磨车刀前、后面和刀尖。

6. 车刀角度的检验

螺纹车刀的刃磨重点是必须确保刀尖角刃磨正确。

（1）螺纹样板

螺纹车刀是否刃磨正确，通常使用螺纹样板通过透光法检查。图 5-14 所示为三角螺纹样板，可用于测量刀尖角大小。检验时，根据车刀的两个切削刃与螺纹样板的贴合情况反复修正。

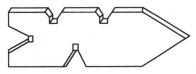

▲图 5-14　三角螺纹样板

（2）带有径向前角的车刀的检验

由于径向前角的影响，修正后的刀尖角检验时比较麻烦，通常采用一种角度与牙型角相等，但是较厚的特质样板进行检验。

在检查与修正时，螺纹样板应与车刀基面平行放置，这时测量的角度为投影角度，即近似为牙型角，如图 5-15 所示。如果将螺纹样板平行于车刀前面进行检查，车刀的刀尖角没有被修正，这样加工出来的螺纹牙型角将变大，如图 5-16 所示。

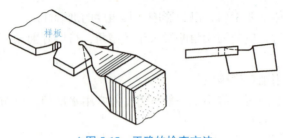
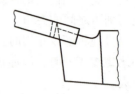

▲图 5-15　正确的检查方法　　　　　▲图 5-16　错误的检查方法

7. 螺纹车刀的安装

螺纹车刀的安装位置是否正确，对加工后的螺纹牙型的正确性有较大影响。

1）对于三角形螺纹、梯形螺纹，其牙型要求对称并垂直于工件轴线，两牙型半角要相等，如图 5-17(a)所示。如果把车刀装歪，会使牙型歪斜，如图 5-17(b)所示。

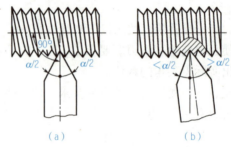

▲图 5-17　螺纹车刀安装时对牙型半角的要求

(a)牙型半角相等；(b)牙型半角不等

2）在安装螺纹车刀时，必须使刀尖与工件中心(车床主轴轴线)在同一高度上，并且刀尖轴线与工件轴线垂直，装刀时可以使用样板辅助对刀，如图 5-18 所示。

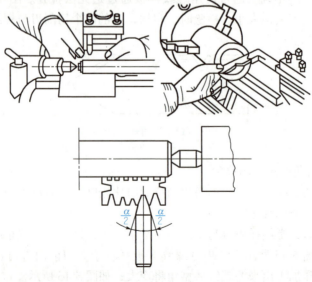

▲图 5-18　安装螺纹车刀

3)螺纹车刀不宜伸出刀架过长,一般以伸出长度为刀柄厚度的1.5倍为宜,取25~30 mm。

(二)加工外三角螺纹

1. 车削三角螺纹的基本要求

车削三角螺纹的基本要求如下:
1)中径尺寸应符合相应的精度要求。
2)牙型角必须准确,两个牙型半角应相等。
3)牙型两侧面的表面粗糙度值要尽量较小。
4)螺纹轴线与工件轴线具有较高的同轴度。

2. 车削前的准备工作

1)机床间隙的调整。车削螺纹时,中、小滑板与镶条之间的间隙应适当。间隙过大,车削时容易产生窜动,导致扎刀;间隙过小,操作中、小滑板时不灵活。

开合螺纹的松紧也要适度。如果过松,车削过程中容易跳起,产生"乱牙"现象;如果过紧,操作不灵活。

2)操作手柄的调整。螺纹车削和普通车削采用的传动路线并不相同。在车削螺纹时,首先调整手柄切换到螺纹车削传动路线上,然后按照被加工螺纹的螺距大小,在车床进给箱铭牌上查找相应的手柄,并将各手柄拨到相应位置。

3. 低速车削外三角螺纹

低速车削外三角螺纹的常用方法有提开合螺母法和倒顺车法。

(1)提开合螺母法车削螺纹

提开合螺母法是一种最常用的螺纹车削方法,主要步骤如下:
1)选择较低的主轴转速(100~160 r/min)。
2)将螺纹车刀刀尖接触到工件外圆,然后向右侧将工件退到工件右端面外,并记下此时的中滑板刻度数值,也可将中滑板刻度数值归为零位。
3)将中滑板径向进给0.05 mm。
4)压下开合螺母手柄,车刀在工件表面车出螺旋线痕迹。
5)车削一定距离后,提起开合螺母,然后横向退刀,停车。
6)用钢直尺或游标卡尺检查螺距大小是否准确,如图5-19和图5-20所示。

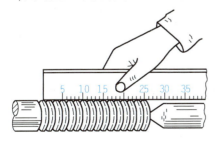

▲图5-19 用钢直尺测量螺距

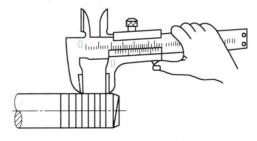

▲图5-20 用游标卡尺检查螺距

7）螺距无误后，继续车削螺纹，第一次进刀时，背吃刀量可以适当选取较大值，以后每次车削时，背吃刀量逐渐减小。

8）切削深度与牙型深度一致后，停车并检查产品是否合格。

（2）倒顺车法车削螺纹

采用倒顺车法车削螺纹的基本操作与提开合螺母法车削螺纹在原理上基本相同，只是在加工过程中不提起开合螺母。当螺纹车削至终了位置时，快速退出中滑板，同时反转机床主轴，机动退回床鞍和溜板箱到起始位置。

4. 螺纹退刀槽的使用

螺纹上一般都具有退刀槽这种工艺结构，以方便螺纹加工终了时车刀的退出，并保证螺纹全长范围内牙型完整，如图5-21所示。对于有退刀槽的螺纹，车削螺纹前应先车削退刀槽，槽底直径应小于螺纹小径，槽宽为 $(2\sim6)P$。

有的三角螺纹在结构上无退刀槽，此时螺纹末端具有不完整的螺尾，如图5-22所示。车削无退刀槽的螺纹时，先在螺纹的有效长度处用车刀刻划一道刻线，当车刀车至该刻线时，迅速横向退刀并提起开合螺母或反转主轴转向，如图5-23所示。

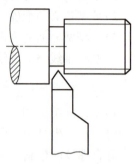

▲图 5-21　退刀槽的应用

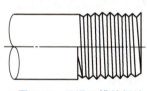

▲图 5-22　无退刀槽的螺纹

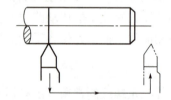

▲图 5-23　使用刻线作为螺纹终止标记

5. 车螺纹时的进刀方法

低速车螺纹时的进刀法主要有以下3种。

（1）直进法

使用直进法进刀时，每次车削时只用中滑板进刀，车刀的左右切削刃同时参与切削，如图5-24所示。这种方法操作简单，可以获得准确的牙型角，一般用于车削螺距 $P<2mm$ 的螺纹，也可用于车削脆性材料的螺纹。

（2）左右切削法

使用左右切削法进刀时，除了用中滑板控制径向进给外，同时使用小滑板将螺纹车刀向左右做微量轴线移动（俗称借刀），如图5-25所示。这种方法通常用于精车螺纹，其目的在于降低螺纹的表面粗糙度。

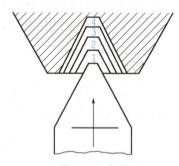

▲图 5-24　直进法

（3）斜进法

车削螺距较大的螺纹时，螺纹牙槽较深。为了确保粗车时切削顺利，除了用中滑板做横向进给外，小滑板同时向一侧赶刀，这种方法叫作斜进法，如图5-26所示。

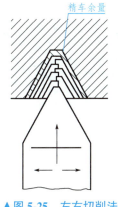
▲图 5-25 左右切削法

▲图 5-26 斜进法

6. 乱扣及其防止方法

在车削螺纹时，总是要经过多次纵向进给才能完成螺纹车削工作。

(1) 乱扣的概念

车削螺纹时，在第一刀车削完毕后，车削第二刀时，车刀刀尖不在第一刀车削的螺旋槽中央，以至于螺旋槽被切导致螺纹被车坏的现象称为乱扣。

(2) 产生乱扣的原因

由于车床丝杆的螺距与被加工螺纹的螺距之间不成整数倍关系，当车床的丝杆转过一周后，工件没有转过整数转。

例如，用螺距为 6 mm 的丝杆车削螺距为 3 mm 的螺纹不会产生乱扣，而车削螺距为 4 mm 的螺纹，则会产生乱扣。

(3) 防止乱扣的方法

车削车床丝杆螺距与工件螺距之间不成整数倍的螺纹时，目前最常用的防止乱扣的方法是倒顺车，这样可以避免乱扣。使用这种方法车削螺纹时，工件经丝杆、开合螺母到车刀的传动始终没有分开。

7. 切削用量的选择

在低速车削螺纹时，按照以下原则选择切削用量。

(1) 切削速度

切削螺纹时散热条件较差，切削速度比车外圆时低。粗车时，$v_c = 10 \sim 15$ m/min；精车时，$v_c = 10 \sim 15$ m/min。

(2) 切削深度

粗车第一刀、第二刀时，总的切削面积不大，可以选用较大的切削深度（背吃刀量）。随着切削次数的增加，每次进给的切削深度应逐渐减小。精车时，切削深度应很小，每次排出的切屑很薄，确保零件表面较小的表面粗糙度。

(3) 进给次数

在实际生产中，螺纹加工都是在一定的走刀次数内完成的。具体的走刀次数与螺纹直径及螺距大小等参数有关。例如，用高速钢低速车螺距 $P = 2$ mm 的螺纹时，通常需要 12 次工作行程才能完成整个加工。低速车削普通螺纹进刀次数见表 5-5。

▼ 表 5-5　低速车削普通螺纹进刀次数表

进刀次数	M24（$P=3$ mm）			M20（$P=2.5$ mm）			M16（$P=2$ mm）		
	中滑板进刀格数	小滑板赶刀（潜刀）格数		中滑板进刀格数	小滑板赶刀（潜刀）格数		中滑板进刀格数	小滑板赶刀（潜刀）格数	
		左	右		左	右		左	右
1	11	0		11	0		10	0	
2	7	3		7	3		6	3	
3	5	3		5	3		4	2	
4	4	2		3	2		2	2	
5	3	2		2	1		1	1/2	
6	3	1		1	1		1	1/2	
7	2	1		1	0		1/4	1/2	
8	1	1/2		1/2	1/2		1/4		
9	1/2	1		1/4	1/2		1/2		1/2
10	1/2	0		1/2		3	1/2		1/2
11	1/4	1/2		1/2		0	1/4		1/2
12	1/4	1/2		1/2		1/2	1/4		0
13	1/2		3	1/4		1/2	螺纹深度为 1.3 mm，$n=26$ 格		
14	1/2		0	1/4		0			
15	1/4		1/2	螺纹深度为 1.625 mm，$n=32\frac{1}{2}$ 格					
16	1/4		0						
	螺纹深度为 1.95 mm，$n=39$ 格								

注：1. 小滑板每格为 0.04 mm。
　　2. 中滑板每格为 0.05 mm。
　　3. 粗车 110~180 r/min，精车 44~72 r/min。

8. 中途换刀的方法

在螺纹车削过程中，如果中途更换了车刀，需要重新调整车刀中心高度和刀尖角。

当车刀装夹正确后，合上开合螺母，然后纵向移动到工件端面处，随后停车。移动中滑板和小滑板，使车刀刀尖对准已经车出的螺旋槽，接着点动车床，观察车刀是否在螺旋槽内，如此反复调整，直到车刀刀尖对准螺旋槽为止，即可继续车削螺纹。

（三）外三角螺纹的检测与质量分析

标准螺纹应具有互换性，特别要对螺距、中径尺寸严格控制，否则螺纹副无法配合。根据不同的螺纹质量要求和生产批量的大小，相应地选择不同的测量方法。常见的测量方法有单项测量法和综合测量法两种。单项测量是对螺纹的大径和中径等分项测量；综合测量是对螺纹的各项精度要求进行的综合性测量。

1. 单项测量法

采用单项测量法，需选择合适的量具来测量螺纹的某一项参数的精度。常见的有测量螺纹的顶径、螺距、中径。

（1）顶径测量

由于螺纹的顶径公差较大，一般只需用游标卡尺测量即可。

（2）螺距测量

在车削螺纹时，螺距的正确与否，从第一次纵向进给运动开始就要进行检查。可用第一刀在工件上划出一条很浅的螺旋线，用钢直尺或游标卡尺进行测量，如图 5-27 所示。螺距也可用螺距规测量，用螺距规测量时，应将螺距规沿着通过工件轴线的平面方向嵌入牙槽中，如完全吻合，则说明被测螺距是正确的，如图 5-28 所示。

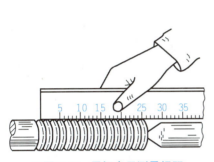

▲图 5-27 用钢直尺测量螺距

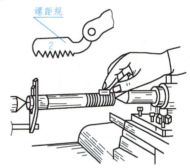

▲图 5-28 用螺距规测量螺距

（3）中径测量

三角螺纹的中径可用螺纹千分尺测量，如图 5-29 所示。螺纹千分尺的结构和使用方法与一般千分尺相似，其读数原理与一般千分尺相同，只是它有两个可以调整的测量头（上测量头、下测量头）。在测量时，两个与螺纹牙型角相同的测量头正好卡在螺纹牙侧，所得到的千分尺读数就是螺纹中径的实际尺寸。

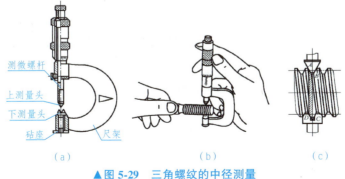

▲图 5-29 三角螺纹的中径测量

（a）螺纹千分尺；（b）测量方法；（c）测量原理

螺纹千分尺附有两套（60°、55°牙型角）适用不同螺纹的螺距测量头，可根据需要进行选择。测量头插入千分尺的轴杆和砧座的孔中，更换测量头之后，必须调整砧座的位置，使千分尺对准零位。

2. 综合测量法

综合测量法是采用螺纹量规对螺纹各部分主要尺寸同时进行综合检验的一种测量方法。这种方法效率高，使用方便，能较好地保证互换性，广泛应用于对标准螺纹或大批量生产的螺纹工件的测量。

螺纹环规用来测量外螺纹，有通规和止规之分，如图5-30所示。测量时，如果通规刚好能旋入，而止规不能旋入，则说明螺纹精度合格。对于精度要求不高的螺纹，也可以用标准螺母来检验，以旋入工件时是否顺利和松动的程度来确定是否合格。

在测量时，如果发现通规难以旋入，应对螺纹的直径、牙型、螺距和表面粗糙度进行检查，经过修正后再用量规检验，千万不可强拧量规，以免造成量规严重磨损，降低量规的精度。

▲ 图5-30　螺纹环规
（a）通规；（b）止规

三、任务实施

▲【试一试】

按图5-31所示的图样加工外三角螺纹。

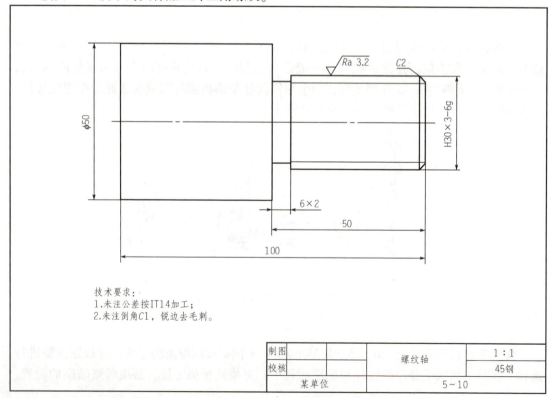

▲ 图5-31　外三角螺纹图样

1. 准备工作

1）调整主轴转速，车床润滑部分加油润滑，检查车床各部分结构是否完好，根据螺距调整走刀手柄。

2）检查刀具、量具、工具是否齐全，整齐放至指定位置。

3）熟悉图样，检查毛坯是否符合图样要求。

刀具、量具、工具及毛坯规格见表 5-6。

▼表 5-6　刀具、量具、工具及毛坯规格

项目	规　　格
刀具	45°、90°外圆车刀，60°螺纹车刀，4 mm 宽度切槽刀
量具	游标卡尺（0~150 mm）、外径千分尺（0~25 mm、25~50 mm）、螺纹中径千分尺、螺纹环规、螺纹对刀样板等
工具	卡盘扳手、刀架扳手、垫片等
毛坯	$\phi 55 \times 105$ mm

2. 装夹零件、刀具

1）利用三爪卡盘装夹零件毛坯。

2）装夹刀具，注意刀具伸出长度、刀尖高度等。

3. 零件加工

零件加工步骤见表 5-7。

▼表 5-7　零件加工步骤

步骤	加工内容	加工示意图
1	装夹工件，伸出 80 mm 左右，找正夹紧	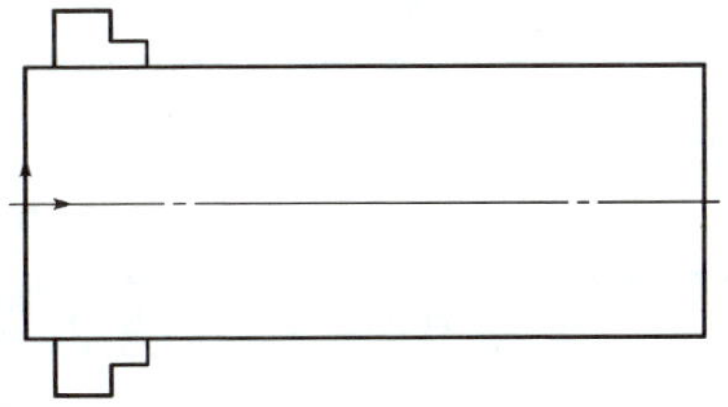
2	车外圆，粗、精车外圆至图样要求尺寸	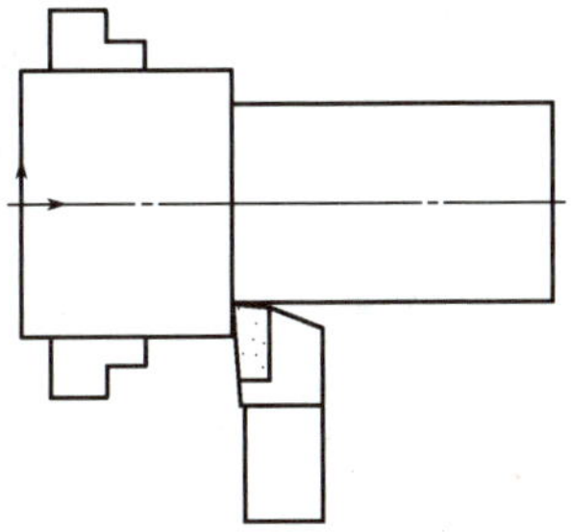

续表

步骤	加工内容	加工示意图
3	倒角,倒右角 C2	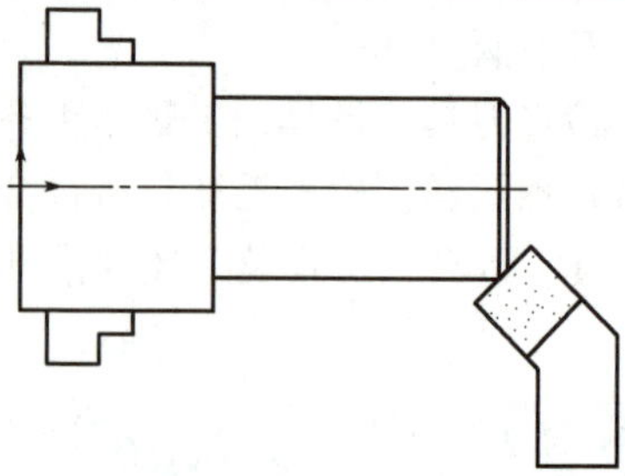
4	切槽,切退刀槽	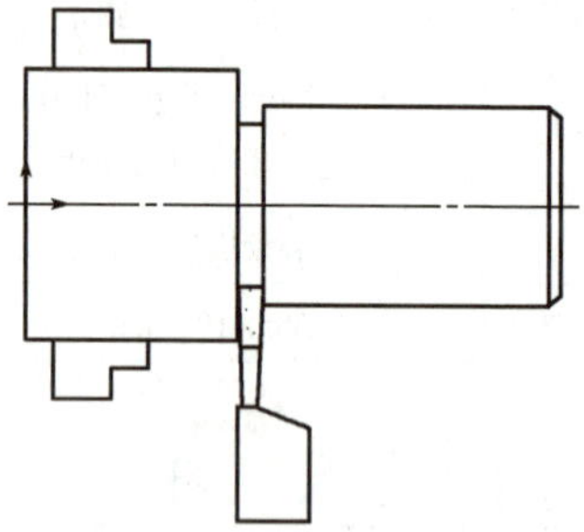
5	车螺纹,粗、精车三角螺纹至图样要求	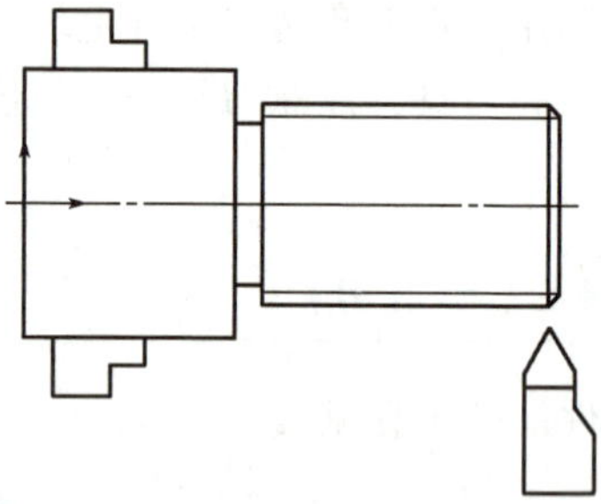

四、任务评价

任务评价表见表 5-8。

▼表 5-8　任务评价表

序号	考核项目	考核内容及要求	配分	评分标准	检测结果	得分
1	外圆尺寸	φ50	15	超差不得分		
2	长度尺寸	50 mm	7	超差不得分		
3		100 mm	7	超差不得分		
4	外沟槽	切退刀槽	7	超差不得分		
5	普通螺纹综合测量	粗、精车三角螺纹	50	超差不得分（中径千分尺测量）		
6	倒角、去毛刺	C2,两处去锐	4	不符合要求不得分		
7	职业素养	操作姿势正确、动作规范,符合车工安全操作规程	10	不符合要求,酌情扣 5~10 分		

五、相关资讯

在车床上套螺纹

1. 板牙的结构

套螺纹是指用板牙切削外螺纹的一种加工方法。用板牙切制螺纹操作简便,生产效率高。板牙是一种标准的多刃螺纹加工工具,其结构如图5-32所示。它像一个圆螺母,其两侧的锥角是切削部分,因此正反两面都可使用,中间有完整的齿深为校正部分。

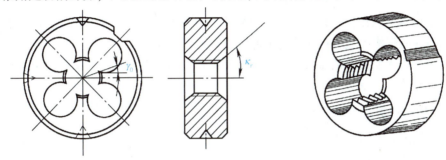

▲ 图 5-32 板牙的结构

2. 套螺纹时外圆直径的确定

套螺纹时,工件外圆比螺纹的公称尺寸略小(按工件螺距大小决定)。套螺纹圆杆直径可按下列的近似公式计算:

$$d_0 = d - (0.13 \sim 0.15)P$$

式中 d_0——圆柱直径,mm;

d——螺纹大径,mm;

P——螺距,mm。

3. 套螺纹的工艺要求

1)用板牙套螺纹,通常适用于公称直径小于16 mm或螺距小于2 mm的外螺纹。

2)外圆车至尺寸后,端面倒角要小于或等于45°,使板牙容易切入。

3)套螺纹前必须找正尾座,使之与车床主轴轴线重合,水平方向的偏移量不得大于0.05 mm。

4)板牙装入套螺纹工具时,必须使板牙平面与主轴轴线垂直。

4. 套螺纹的方法

用套螺纹工具(图5-33)套螺纹,方法如下:

1)先将套螺纹工具体的锥柄部装在尾座套筒锥孔内。

2)板牙装入滑动套筒内,待螺钉对准板牙上的锥坑后拧紧。

3)将尾座移到接近工件一定距离(约20 mm)固定。

4)转动尾座手轮,使板牙靠近工件端面。

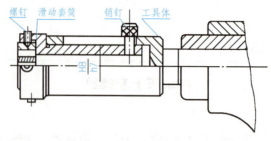

▲图 5-33　车床套螺纹工具

5）开动车床和冷却泵加注切削液。

6）转动尾座手轮使板牙切入工件，当板牙已切入工件就不再转动手轮，仅由滑动套筒在工具体的导向键槽中随着板牙沿着工件轴线向前切削螺纹。

7）当板牙进入所需要的位置时，开反车使主轴反转，退出板牙，销钉用来防止滑动套筒在切削时转动。

5. 切削用量的选择

切削用量按如下情况选择：

钢件：3~4 m/min；

铸件：2~3 m/min；

黄铜：6~9 m/min。

6. 切削液的选用

切削液的选用与攻螺纹时的切削液相同。

六、练习与提高

1）如何选用螺纹车刀切削部分材料？

2）车螺纹时，车刀左、右两侧后角会产生什么变化？怎样确定两侧后角刃磨时的角度值？

3）车刀背前角对螺纹牙型、牙型角有什么影响？怎样修正？

4）对螺纹车刀有哪些要求？

5）怎样装夹螺纹车刀？

6）什么是乱扣？产生乱牙的原因是什么？怎样预防？

7）在丝杠螺距为 12 mm 的车床上，车削螺距分别为 2 mm、4.5 mm、6 mm、8 mm、24 mm 的螺纹时，是否会产生乱扣？为什么？

8）英制螺纹与普通螺纹有何不同？

9）低速车削三角螺纹时的进给方式有哪几种？其特点是什么？各适用什么场合？

10）车削普通螺纹时，怎样确定顶径？

11）车削三角螺纹时，切削用量的选择原则是什么？

12）测量外三角螺纹中径可采用哪些方法？一般采用哪种方法较为方便？

任务三　加工内三角螺纹

一、任务目标

1）能对内螺纹各部分尺寸进行正确的计算。
2）能根据加工要求正确刃磨、安装内螺纹车刀，并合理使用。
3）能对内螺纹进行规范车削。
4）能正确使用螺纹塞规对螺纹套的内螺纹进行质量判定。

二、任务资讯

（一）内三角螺纹车刀的刃磨

根据所加工内孔的结构特点来选择合适的内螺纹车刀。由于内螺纹车刀的大小受内螺纹孔径的限制，因此内螺纹车刀刀体的径向尺寸应比螺纹孔径小 3~5 mm 及以上，否则退刀时易碰伤牙顶，甚至无法车削。

另外，在车内圆柱面时，重点提到有关提高内孔车刀的刚性和解决排屑问题的有效措施，在选择内螺纹车刀的结构和几何形状时也应给予充分的考虑。

高速钢内三角螺纹车刀的几何角度如图 5-34 所示，硬质合金内三角螺纹车刀的几何角度如图 5-35 所示。内螺纹车刀除了其刀尖几何形状应具有外螺纹车刀刀尖的几何形状特点外，还应具有内孔刀的特点。

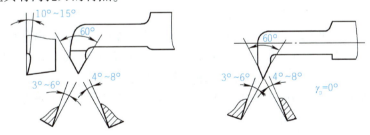

▲图 5-34　高速钢内三角螺纹车刀的几何角度

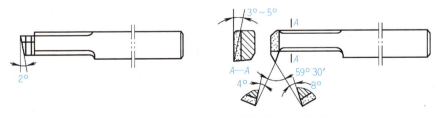

▲图 5-35　硬质合金内三角螺纹车刀的几何角度

由于螺纹车刀的刀尖受刀尖角限制，刀体面积较小，因此，刃磨时比一般车刀难以正确掌握。

1. 刃磨螺纹车刀的要求

1) 当螺纹车刀径向前角 $\gamma_p = 0°$ 时，刀尖角应等于牙型角；当螺纹车刀径向前角 $\gamma_p > 0°$ 时，刀尖角必须修正。

2) 螺纹车刀两侧切削刃必须是直线。

3) 螺纹车刀切削刃应具有较小的表面粗糙度。

4) 螺纹车刀两侧后角是不相等的，应考虑车刀进给方向的后角受螺纹升角的影响而加减一个螺纹升角。

2. 螺纹车刀的具体刃磨步骤

1) 粗磨车刀前面。

2) 刃磨车刀两侧后面，以初步形成两刃夹角。其中先磨进给方向侧刃（控制刀尖半角 $\varepsilon_r/2$ 及后角 $\alpha_0+\varphi$），再磨背进给方向侧刃（控制刀尖角 ε_r 及后角 $\alpha_0-\varphi$）。

3) 精磨车刀前面，以形成前角。

4) 精磨车刀后面，刀尖角用螺纹车刀样板来测量，以得到正确的刀尖角。

5) 修磨刀尖，刀尖侧棱宽度约为 $0.1P$。

6) 用油石研磨刀刃处的前后面（注意保持刃口锋利）。

> **相关提醒**
>
> 刃磨时应注意以下问题：
>
> 1) 刃磨时，人的站立姿势要正确。在刃磨整体式内螺纹车刀内侧时，易将刀尖磨歪斜。
>
> 2) 磨削时，两手握着车刀与砂轮接触的径向压力应不小于一般车刀。
>
> 3) 磨外螺纹车刀时，刀尖角平分线应平行于刀体中线；磨内螺纹车刀时，刀尖角平分线应垂直于刀体中线。
>
> 4) 车削高阶台的螺纹车刀，靠近高阶台一侧的刀刃应短些，否则易擦伤轴肩。
>
> 5) 粗磨时也要用车刀样板检查。对于径向前角大于0°的螺纹车刀，粗磨时两刃夹角应略大于牙型角。待磨好前角后，再修磨两刃夹角。
>
> 6) 刃磨刀刃时，要稍带做左右、上下的移动，这样容易使刀刃平直。
>
> 7) 刃磨车刀时，一定要注意安全。

（二）内螺纹车刀的装夹

1) 刀柄伸出的长度应大于内螺纹长度 10~20 mm。

2) 调整车刀的高低位置，使刀尖对准工件回转中心，并轻轻压住。

3) 将螺纹对刀样板侧面均匀靠平工件端面，刀尖部分进入样板的槽内进行对刀，调整并夹紧车刀，如图 5-36 所示。

4) 装夹好的螺纹车刀应在底孔内试走一次(手动),防止刀柄与内孔相碰而影响车削,如图5-37所示。

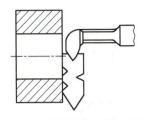 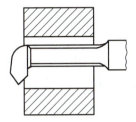

▲图 5-36　内螺纹车刀的对刀方法　　　▲图 5-37　检查刀柄是否与底孔相碰

(三)加工内三角螺纹

1. 车削内螺纹前底孔孔径的确定

车削内螺纹前,一般先钻孔或扩孔。由于车削时的挤压作用,内孔直径会缩小,对于塑性金属材料较为明显,所以车螺纹前的底孔孔径应略大于螺纹小径的基本尺寸。底孔孔径可按下式计算确定:

车削塑性材料时:

$$D_{孔} = D - P$$

车削脆性材料时:

$$D_{孔} = D - 1.05P$$

式中　$D_{孔}$——底孔直径,mm;
　　　D——内螺纹大径,mm;
　　　P——螺距,mm。

2. 内螺纹的车削方法

1) 车内螺纹前,先把工件的端面、螺纹底孔及倒角等车削好。车不通孔螺纹或台阶孔螺纹时,还需车削好退刀槽,退刀槽直径应大于内螺纹大径,槽宽为$(2\sim3)P$,并与台阶平面切平。

2) 选择合理的切削速度,并根据螺纹的螺距调整进给箱各手柄的位置。

3) 内螺纹车刀装夹好后,开车对刀,记住中滑板刻度值或将中滑板刻度盘调零。

4) 在车刀刀柄上做标记或用溜板箱手轮刻度控制螺纹车刀在孔内车削的长度。

5) 用中滑板进刀,控制每次车削的背吃刀量,进刀方向应与车削外螺纹时的进刀方向相反。

6) 压下开合螺母手柄车削内螺纹。当车刀移动到标记位置或溜板箱手轮刻度显示到达螺纹长度位置时,快速退刀,同时提起开合螺母或压下操纵杆使主轴反转,将车刀退到起始位置。

7) 经数次进刀、车削后,使总背吃刀量等于螺纹牙型深度。

螺距$P \leqslant 2$ mm的内螺纹一般采用直进法车削。螺距$P > 2$ mm的内螺纹一般先用斜进法粗车,并向走刀相反方向一侧赶刀,以改善内螺纹车刀的受力状况,使粗车能顺利进行;

精车时采用左右进刀法精车两侧面,以减小牙型侧面的表面粗糙度,最后采用直进法车至螺纹大径。

(四)内三角螺纹检测

内三角螺纹一般采用螺纹塞规(图5-38)来进行综合检验,检验时通规全部拧入,止规不能拧入时,说明螺纹各基本要素符合要求。

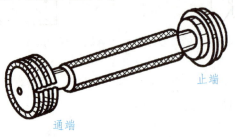

▲图 5-38 螺纹塞规

三、任务实施

【试一试】

按图 5-39 所示的图样练习内螺纹车削。

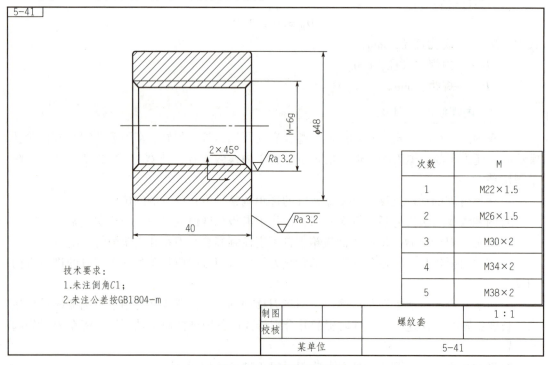

次数	M
1	M22×1.5
2	M26×1.5
3	M30×2
4	M34×2
5	M38×2

▲图 5-39 内螺纹车削练习

1. 准备工作

1）调整主轴转速，车床润滑部分加油润滑，检查车床各部分结构是否完好。
2）检查刀具、量具、工具是否齐全，整齐放至指定位置。
3）熟悉图样，检查毛坯是否符合图样要求。
刀具、量具、工具及毛坯规格见表5-9。

▼表5-9 刀具、量具、工具及毛坯规格

项 目	规 格
刀具	45°、90°外圆车刀、内孔车刀、φ20锥柄麻花钻
量具	游标卡尺（0~150 mm）、普通螺纹塞规、对刀样板
工具	卡盘扳手、刀架扳手、垫片等
毛坯	φ50

2. 装夹零件、刀具

1）利用三爪卡盘装夹零件毛坯。
2）装夹刀具，注意刀具伸出长度、刀尖高度等。

3. 零件加工

零件加工步骤见表5-10。

▼表5-10 零件加工步骤

步骤	加工内容	加工示意图
1	装夹棒料，将棒料伸出50 mm左右找正并夹紧	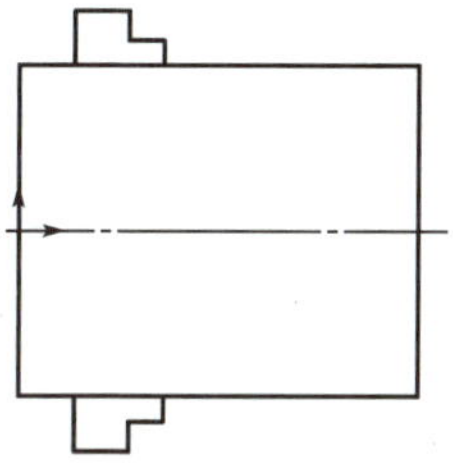
2	车外圆，车平端面，并将外圆车至φ48尺寸	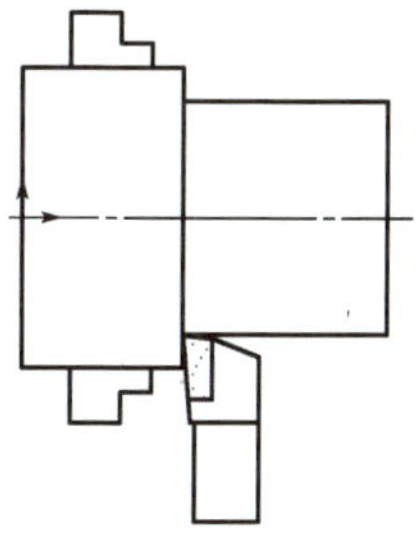

续表

步骤	加工内容	加工示意图
3	钻 φ20 孔 >40 mm，倒角 C1，切断保证 >40 mm 长度尺寸	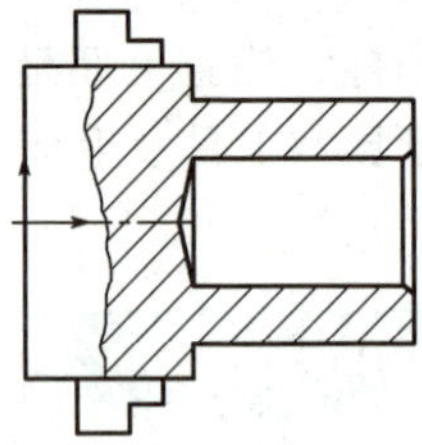 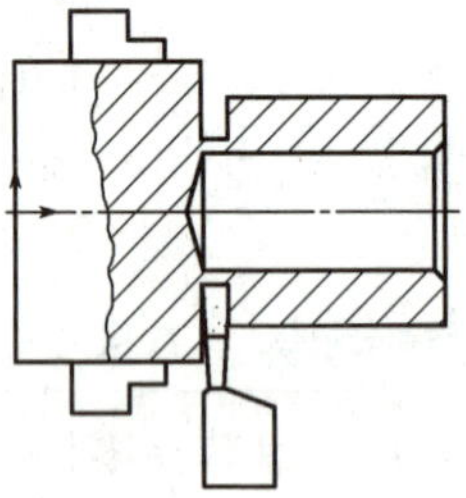
4	调头装夹 φ48 外圆，车另一端面保证 40 mm，倒角 C1	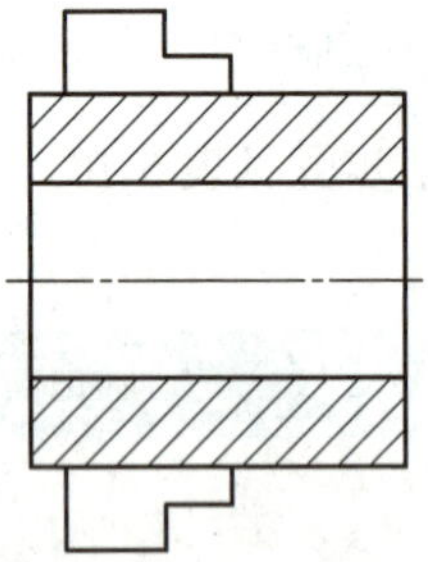
5	车内孔，按照图 5-39 中的表，依次镗孔至尺寸	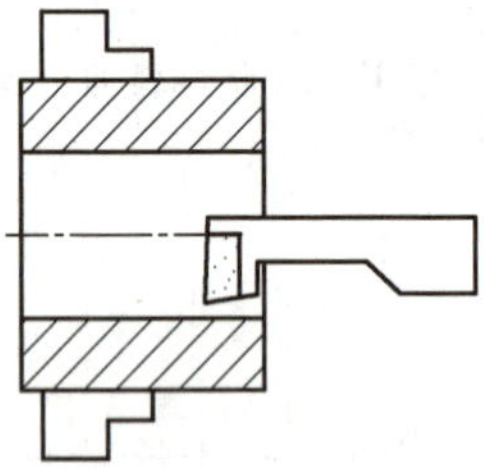
6	两端孔口倒角	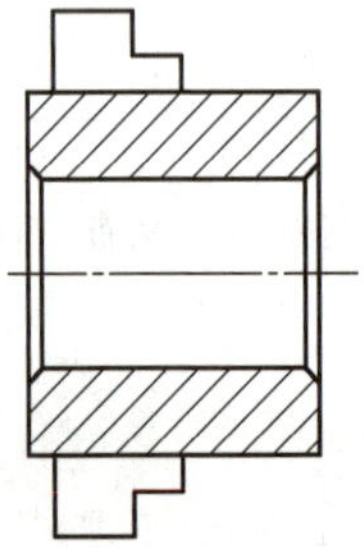

续表

步骤	加工内容	加工示意图
7	车螺纹，按照图 5-39 中的表，粗、精车内螺纹，达到图样要求	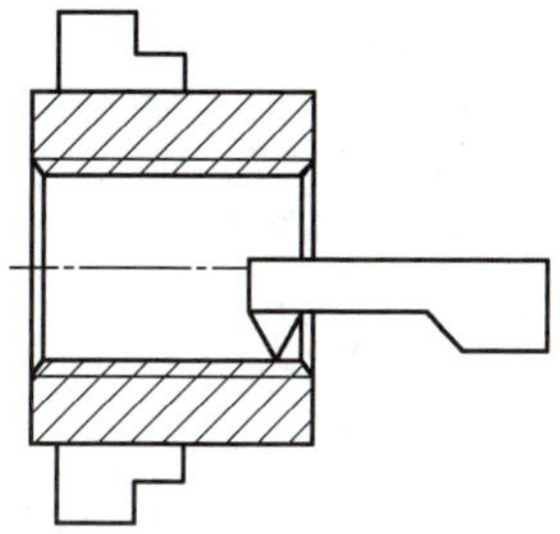

四、任务评价

任务评价表见表 5-11。

▼ 表 5-11　任务评价表

序号	考核项目	考核内容及要求	配分	评分标准	检测结果	得分
1	外径尺寸	$\phi48$	20	超差不得分，表面粗糙度降级不得分		
2	长度尺寸	40 mm	10	超差不得分		
3	普通内螺纹及表面粗糙度	按照要求逐次检测	40	超差不得分，表面粗糙度降级不得分		
4	倒角	倒角(4 处)	20	不符合要求不得分		
5	职业素养	操作姿势正确、动作规范，符合车工安全操作规程	10	不符合要求，酌情扣 5~10 分		

五、相关资讯

在车床上攻螺纹

攻螺纹是用丝锥切削内螺纹的一种加工方法（丝锥也称"丝攻"）。丝锥是用高速钢制成的一种成型多刃刀具，可以加工车刀无法车削的小直径内螺纹，而且操作方便，生产效率高，工件互换性也好。

丝锥的结构丝锥上开有 3~4 条容屑槽，这些容屑槽形成了切削刃和前角，如图 5-40 所示。

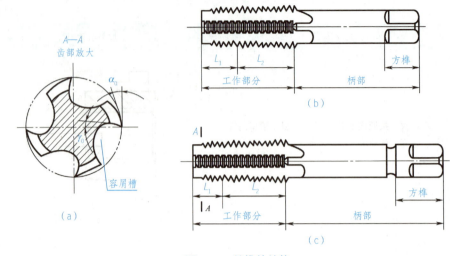

▲ 图 5-40 丝锥的结构
(a) 切削部分齿部; (b) 手用丝锥; (c) 机用丝锥

1. 丝锥的类型

丝锥的种类很多,但主要分为手用丝锥[图 5-40(b)]和机用丝锥[图 5-40(c)]两大类。手用丝锥主要是钳工使用,这里主要介绍机用丝锥。机用丝锥与手用丝锥形状基本相似,只是在柄部多一个环形槽,用以防止丝锥从攻螺纹工具中脱落,其柄部和工作部分的同轴度比手用丝锥要求高。

由于机用丝锥通常用单只攻螺纹,一次成型效率高,而且机用丝锥的齿形一般经过螺纹磨床磨削及齿侧面铲磨,攻出的内螺纹精度较高,表面粗糙度值较小。另外,由于机用丝锥所受切削抗力较大,切削速度也较高,因此常用高速钢制作。

2. 攻螺纹前的工艺要点

(1) 攻螺纹前孔径 D_1 的确定

为了减小切削抗力和防止丝锥折断,攻螺纹前的孔径必须比螺纹小径稍大些,普通螺纹攻螺纹前的孔径可根据下列经验公式计算:

加工钢件和塑性较大的材料:

$$D_{孔} \approx D - P$$

加工铸件和塑性较小的材料:

$$D_{孔} \approx D - 1.05P$$

式中　D ——大径;
　　　$D_{孔}$ ——攻螺纹前孔径;
　　　P ——螺距。

(2) 攻制盲孔螺纹底孔深度的确定

攻制盲孔螺纹时,由于丝锥前端的切削刃不能攻制出完整的牙型,因此,钻孔深度要大于规定的孔深。通常钻孔深度约等于螺纹的有效长度加上螺纹公称直径的 0.7 倍。

（3）孔口倒角

钻孔或扩孔至最大极限尺寸后，在孔口倒角，直径应大于螺纹大径。

3. 攻螺纹的方法

在车床攻螺纹前，先找正尾座轴线，使之与主轴轴线重合。攻小于 M16 的内螺纹时，先钻底孔，倒角后直接用丝锥一次攻成。攻螺距较大的螺纹时，钻底孔后粗车螺纹，再用丝锥进行攻制，也可以采用分丝锥切削法，即先用头锥，再用二锥和三锥分次切削。

4. 攻螺纹工具的形式及适用范围

简易攻螺纹工具（图 5-41），由于没有防止切削抗力过大的保险装置，因此容易使丝锥折断，一般适用于通孔及精度较低的内螺纹攻制。摩擦杆攻螺纹工具（图 5-42），适用于盲孔螺纹攻制。在攻螺纹过程中，当切削力矩超过所调整的摩擦力矩时，摩擦杆则打滑，丝锥随工件一起转动，不再切削，因而有效地防止丝锥的折断。

艾爱国：劳模制造必是精品

使用攻螺纹工具时，先将工具锥柄装入尾座锥孔中，再将丝锥装入攻螺纹夹具中，然后移动尾座至工件近处固定。攻螺纹时，开车（低速）并充分浇注切削液，缓慢地摇动尾座手轮，使丝锥切削部分进入工件孔内，当丝锥已切入几牙后，停止摇动手轮，让丝锥工具随丝锥进给，当攻至所需要的尺寸时（一般螺纹深度可在攻螺纹工具上做标记），迅速开倒车退出丝锥。

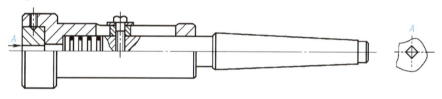

▲图 5-41　简易攻螺纹工具

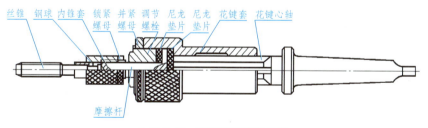

▲图 5-42　摩擦杆攻螺纹工具

六、练习与提高

1) 装夹内螺纹车刀需要注意哪些事项？
2) 内螺纹车削与外螺纹车削有什么区别？
3) 简述车削内螺纹前孔径的计算方法。

模块二
拓展训练(中级)

项目六

加工梯形螺纹

梯形螺纹(图6-1)是应用广泛的一种传动螺纹,如车床上的长丝杆和中滑板、小滑板丝杆等。梯形螺纹工件较长,精度要求较高,比普通螺纹加工要困难。将梯形螺纹加工安排在普通螺纹加工之后,可以由浅入深地掌握梯形螺纹的相关工艺知识和操作技能。

▲图6-1 典型的梯形螺纹

任务一 加工典型梯形螺纹

加工图6-2所示的梯形螺纹轴。

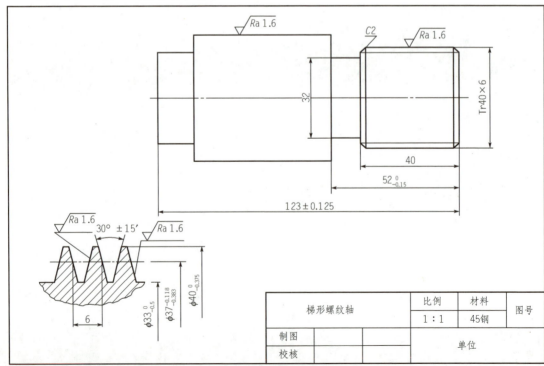

▲图6-2 梯形螺纹轴

项目六　加工梯形螺纹

一、任务目标

1) 了解梯形螺纹的基本要素及尺寸计算。
2) 了解梯形螺纹车刀的几何形状和角度要求。
3) 掌握梯形螺纹车刀的刃磨方法和刃磨要求。
4) 掌握车削梯形螺纹的技能。
5) 掌握外梯形螺纹的检测方法。
6) 一丝不苟、精益求精，安全文明生产。

二、任务资讯

（一）梯形螺纹的基本要素及尺寸计算

梯形螺纹有两种：一种是米制梯形螺纹，它的牙型角是30°；另一种是英制梯形螺纹，它的牙型角是29°。本文仅介绍米制梯形螺纹计算及加工方法。梯形螺纹的代号用字母"Tr"表示，格式为"代号 公称直径×螺距"，左旋螺纹需要在尺寸之后加注"LH"，右旋螺纹不标注。

梯形螺纹的标注如图6-3所示。

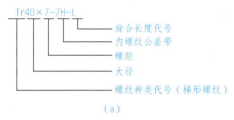
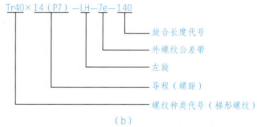

▲图6-3　梯形螺纹的标注
(a) 单线螺纹；(b) 多线左旋螺纹

米制梯形螺纹各部分尺寸（图6-4）的计算公式见表6-1。

▼表6-1　米制梯形螺纹各部分尺寸的计算公式　　　　　　　　　　　　（mm）

名称		代号	计算公式			
牙型角		α	$\alpha = 30°$			
螺距		P	由螺纹标准确定			
牙顶间隙		a_c	P	2~5	6~12	14~44
			a_c	0.25	0.5	1
外螺纹	大径	d	公称直径			
	中径	d_2	$d_2 = d - 0.5P$			
	小径	d_3	$d_3 = d - 2h_3$			
	牙高	h_3	$h_3 = 0.5P + a_c$			

161

续表

名称		代号	计算公式
内螺纹	大径	D_4	$D_4 = d + 2a_c$
	中径	D_2	$D_2 = d_2$
	小径	D_1	$D_1 = d - P$
	牙高	H_4	$H_4 = h_3$
牙顶宽		$f,\ f'$	$f = f' = 0.366P$
牙槽底宽		$w,\ w'$	$w = w' = 0.366P - 0.536a_c$

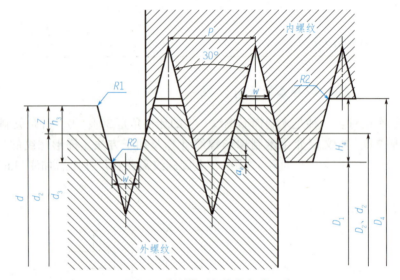

▲图6-4 米制梯形螺纹各部分尺寸

（二）梯形螺纹车刀

梯形螺纹车刀分为粗车刀和精车刀两种类型。

1. 高速钢梯形螺纹车刀

高速钢梯形螺纹车刀的几何形状如图6-5所示。

两刃夹角：粗车刀应小于梯形螺纹牙型角，精车刀应等于螺纹牙型角 30°±10′。

刀头宽度：粗车刀刀头宽度应为螺距宽的 1/3，精车刀的刀头宽度等于牙底槽宽减去 0.05 mm。

纵向前角：粗车刀一般为 15°左右；精车刀为了保证牙型正确，前角等于 0°，如图6-5所示。

纵向后角：一般为 6°~8°。

2. 硬质合金梯形螺纹车刀

硬质合金梯形螺纹车刀的几何形状如图6-6和图6-7所示。

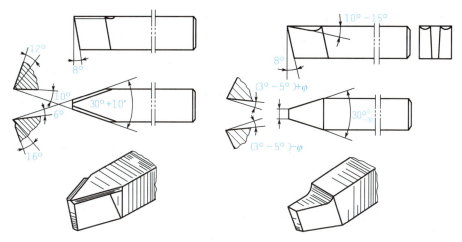

▲ 图 6-5 梯形螺纹车刀

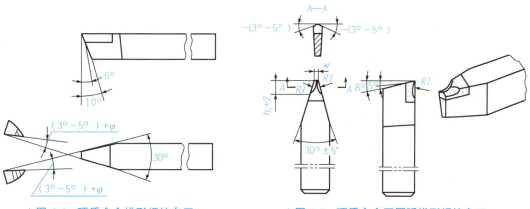

▲ 图 6-6 硬质合金梯形螺纹车刀　　　　▲ 图 6-7 硬质合金双圆弧梯形螺纹车刀

高速切削螺纹时,由于车刀 3 个切削刃同时参加切削,且切削力较大,容易引起振动。因此,实际生产上,多在螺纹车刀前面上磨出两个圆弧,如图 6-6 所示,这样可使径向前角增大,切削轻快,不易振动;切屑呈球状排出,保证操作安全;缺点是牙型精度较差。

(三)外梯形螺纹的车削方法

1. 工件的装夹

一般采用两顶尖或一夹一顶装夹。粗车较大螺距时,可采用四爪卡盘一夹一顶,以保证装夹牢固,同时使工件的一个台阶靠住卡盘平面,固定工件的轴向位置,以防止因切削力过大,使工件移位而车坏螺纹。

2. 车床的选择和调整

1)挑选精度较高、磨损较少的机床。
2)正确调整机床各处间隙,对床鞍、中小滑板的配合部分进行检查和调整,注意控制机床主轴的轴向窜动、径向圆跳动以及丝杠轴向窜动。

3) 选用磨损较少的交换齿轮。

3. 梯形螺纹车刀的选择和装夹

1) 车刀的选择。通常采用低速车削,一般选用高速钢材料。

2) 车刀的装夹。

①车刀主切削刃必须与工件轴线等高(用弹性刀杆应高于轴线约 0.2 mm),同时,应与工件轴线平行。

②刀头的角平分线要垂直于工件的轴线。用样板找正装夹,以免产生螺纹半角误差,如图 6-8 所示。

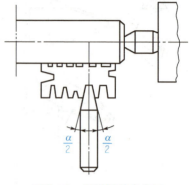

▲图 6-8 用样板装夹车刀

4. 梯形螺纹的车削方法

与车削三角螺纹相比较,车削梯形螺纹螺距大、牙型大、切削余量大、切削抗力大,而且精度要求较高,加之工件一般较长,所以加工难度大。除与车三角螺纹类似地按所车螺距大小,在车床进给箱铭牌上找出调整变速手柄所需位置,保证车床所车的螺距符合要求外,尚需考虑根据梯形螺纹的精度高低和螺距大小来选择不同的加工方法。

通常对精度要求较高的梯形螺纹采用低速车削的方法,同时此法对初学者来说较易掌握一些。

1) 低速车削螺距小于 4 mm 或精度要求不高的梯形螺纹,如图 6-9 所示,可用一把梯形螺纹车刀进行粗车和精车。粗车时可采用左右切削法,精车时可采用直进法。

2) 低速车削螺距为 4~8 mm 或精度要求较高的梯形外螺纹,如图 6-10 所示,一般采用左右切削法或直进法车削,具体车削步骤如下:

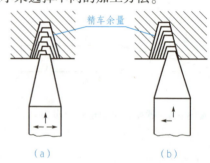

▲图 6-9 螺距小于 4 mm 的进刀方式
(a)左右切削法;(b)直进法

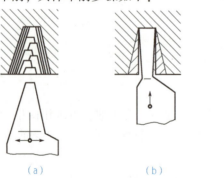
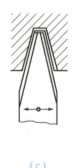

▲图 6-10 螺距为 4~8 mm 的进刀方式
(a)用左右切削法粗、半粗车梯形螺纹;(b)直进法粗车;(c)精车梯形螺纹

①车、半精车螺纹大径，留精车余量 0.3 mm 左右，倒角(与端面成 15°)。

②左右切削法粗、半精车螺纹，每边留精车余量 0.1~0.2 mm，螺纹小径精车至要求尺寸。或选用刀头宽度稍小于槽底宽的切槽刀，采用直进法粗车螺纹，槽底直径等于螺纹小径。

③精车螺纹大径至图样要求。

④用两侧切削刃磨有卷屑槽的梯形螺纹，精车刀精车两侧面至图样要求。

3) 低速车削螺距大于 8 mm 的梯形外螺纹，如图 6-11 所示，一般采用切阶梯槽的方法车削，方法如下：

①半精车螺纹大径，留精车余量 0.3 mm 左右，倒角(与端面成 15°)。

②用刀头宽度小于 $P/2$ 的切槽刀以直进法粗车螺纹至接近中径处，再用刀头宽度略小于槽底宽的切槽刀以直进法粗车螺纹槽底直径等于螺纹小径，从而形成阶梯状的螺旋槽。

③用梯形螺纹粗车刀以左右切削法半精车螺纹槽两侧面，每面留精车余量 0.1~0.3 mm。

④精车螺纹大径至图样要求。

⑤用梯形螺纹精车刀精车两侧面，控制中径，完成螺纹加工。

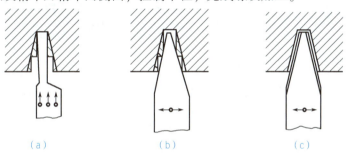

▲图 6-11　螺距大于 8 mm 的进刀方式

(a)车阶梯槽；(b)左右切削法半精车两侧面；(c)精车梯形螺纹

5. 梯形螺纹的测量方法

(1) 综合测量法

精度要求不高的外梯形螺纹，一般采用标准的梯形螺纹量规——螺纹环规进行综合测量。检测前，应先检查螺纹的大径、牙型角和牙型半角、螺距和表面粗糙度，然后用螺纹环规检测。如果螺纹环规的通规能顺利拧入工件螺纹，而止规不能拧入，则说明被检梯形螺纹合格。

(2) 三针测量法

这种方法是测量外螺纹中径的一种比较精密的方法，适用于测量一些精度要求较高、螺纹升角小于 4°的螺纹工件。测量时把 3 根直径相等的量针放在螺纹相对应的螺旋槽中，用千分尺量出两边量针顶点之间的距离 M，如图 6-12 所示。

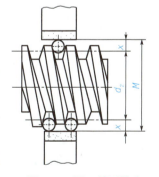

▲图 6-12　用三针测量法测量螺纹中径

1) 量针的选择。三针测量法用的量针直径 d_D 不能太大，必须保证量针横截面与螺纹牙侧相切；也不能太小，否则量针将陷入牙槽中，其顶点低于螺纹牙顶而无法测量。最佳的量针直径是指量针横截面与螺纹牙侧相切于螺纹中径处的量针直径(图6-13)。

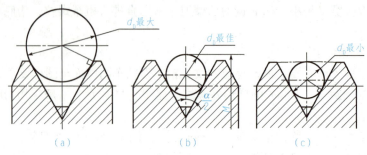

▲图6-13 三针测量法量针的选择

(a) d_D 最大；(b) d_D 最佳；(c) d_D 最小

2) M 值和量针直径的计算。M 值和量针直径的简化计算公式见表6-2。

▼表6-2 M 值和量针直径的简化计算公式

螺纹牙型角	M 计算公式	量针直径 d_D		
		最大值	最佳值	最小值
30°(梯形螺纹)	$M=d_2+4.864d_D-1.866P$	$0.656P$	$0.518P$	$0.486P$
40°(蜗杆)	$M=d_1+3.924d_D-4.316m_x$	$2.446m_x$	$1.675m_x$	$1.61m_x$
55°(英制螺纹)	$M=d_2+3.166d_D-0.961P$	$0.894P-0.029$	$0.564P$	$0.481P-0.016$
60°(普通螺纹)	$M=d_2+3d_D-0.866P$	$1.01P$	$0.577P$	$0.505P$

注：m_x——蜗杆的模数。

例题： 车 Tr32×6 梯形螺纹，用三针测量法测量螺纹中径，计算量针直径和千分尺读数值 M。

解： 量针直径为：

$$d_D = 0.518P = 3.1 (\text{mm})$$

千分尺读数值为：

$$M = d_2 + 4.864d_D - 1.866P$$
$$= 29 + 4.864 \times 3.1 - 1.866 \times 6$$
$$\approx 29 + 15.08 - 11.20$$
$$= 32.88 \text{ (mm)}$$

测量时应考虑公差，则 $M = 32.88_{-0.45}^{-0.118}$ mm 为合格。

(3) 单针测量法

在测量直径和螺距较大的螺纹中径时，用单针测量比用三针测量更方便、简单。测量时，将一根量针放入螺旋槽中，另一侧则以螺纹的大径为基准，用千分尺测量出量针顶点与另一侧螺纹大径之间的距离 A (图6-14)，由 A 值换算出螺纹中径的实际尺寸。量针

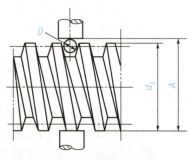

▲图6-14 单针测量

的选择与三针测量法相同。

在单针测量前,应先量出螺纹大径的实际尺寸 d_0,并根据选用量针的直径 d_D 计算用三针测量时的 M 值,然后按下式计算 A 值。

$$A = \frac{1}{2}(M+d_0)$$

式中　A——单针测量值,mm;

　　　d_0——螺纹顶径的实际尺寸,mm;

　　　M——三针测量时量针测量距的计算值,mm。

例题:用单针测量 Tr42×6—7h 梯形螺纹的中径,量得工件实际大径 d_0 = 41.90 mm,计算千分尺读数 A 值。

解:根据表 6-2 选用最佳量针直径 d_D 并计算 M 值。

$$d_D = 0.518P = 0.518 \times 6 = 3.108 \text{ (mm)}$$
$$d_2 = d - 0.5P = 42 - 0.5 \times 6 = 39 \text{ (mm)}$$
$$M = d_2 + 4.864d_D - 1.866P$$
$$= 39 + 4.864 \times 3.108 - 1.866 \times 6$$
$$\approx 39 + 15.117 - 11.196$$
$$= 42.921 \text{ (mm)}$$

根据梯形螺纹中径公差带代号,查得 $d_2 = 39_{-0.335}^{0}$ mm,所以 $M = 42.921_{-0.335}^{0}$ mm,故:

$$A = \frac{M+d_0}{2} = \frac{M+41.90}{2} = 42_{+0.243}^{+0.41} \text{ (mm)}$$

因此,单针测量值 $A = 42_{+0.243}^{+0.41}$ mm 为合格。

三、任务实施

【试一试】

(一)刃磨外梯形螺纹车刀

1. 准备工作

(1)原材料准备

刀坯:白钢刀 16 mm×16 mm×200 mm 一支。

(2)工具准备

常用工具:一字螺钉旋具、活络扳手等。

(3)量具准备

量具:万能角度尺、对刀样板。

(4)设备准备

设备:砂轮机(80 目氧化铝砂轮、40 目氧化铝砂轮)。

2. 刃磨步骤

外梯形螺纹车刀的具体刃磨步骤见表6-3。

▼表6-3　外梯形螺纹车刀的具体刃磨步骤

序号	工序	工序内容	图示
1	粗磨进给方向后面	先磨车刀左侧后面，刃磨时双手握刀，使刀杆与砂轮外圆水平方向成15°，垂直方向倾斜11°~12°，车刀与砂轮接触后稍加压力，并均匀慢慢移动磨出后面，刃磨左侧后面同前，后面基本磨好后，用螺纹样板采用透光法检查刀尖半角15°	
2	粗磨背离进给方向后面	磨车刀右侧后面，刃磨时双手握刀，使刀杆与砂轮外圆水平方向成15°，垂直方向倾斜5°~6°，车刀与砂轮接触后稍加压力，并均匀慢慢移动磨出后面，刃磨右侧后面同前，后刀面基本磨好后，用万能角度尺检查刀尖角30°	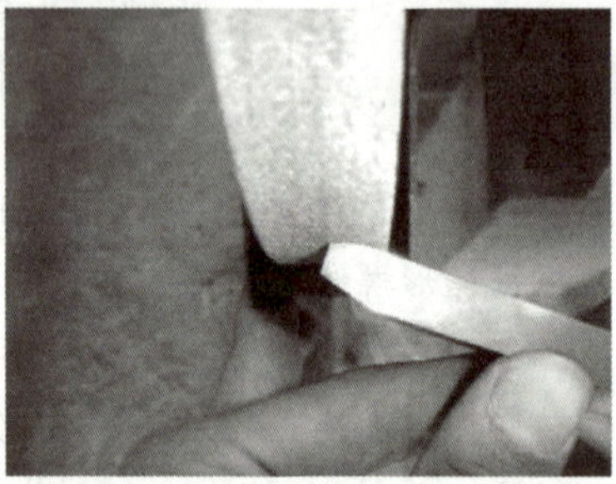
3	粗磨主刀面	将车刀主后面正对砂轮，刀杆上翘5°~7°	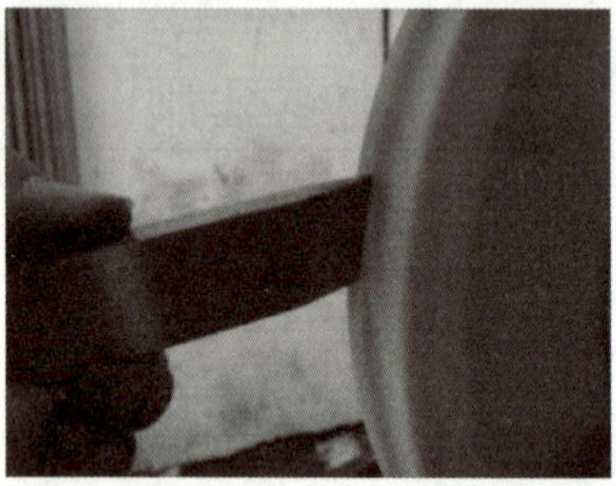
4	粗、精磨车刀前面	将车刀前面与砂轮平面水平方向倾斜12°~15°，同时垂直方向做微量倾斜，使左侧切削刃略低于右侧切削刃，车刀前面与砂轮接触后，稍加压力刃磨，逐渐磨至靠近刀尖处	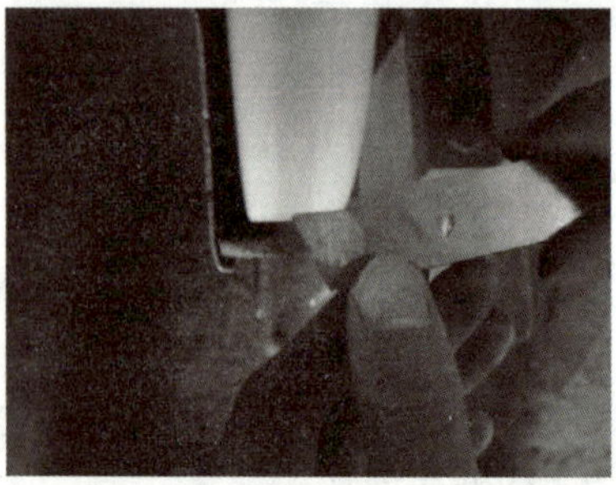

续表

序号	工序	工序内容	图　示
5	精磨两个车刀后面	精磨方法与粗磨相同，但须注意表面现面磨出即可，磨削量尽量小	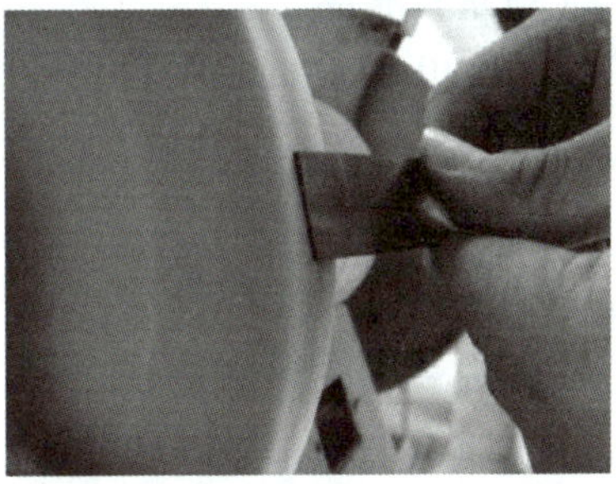 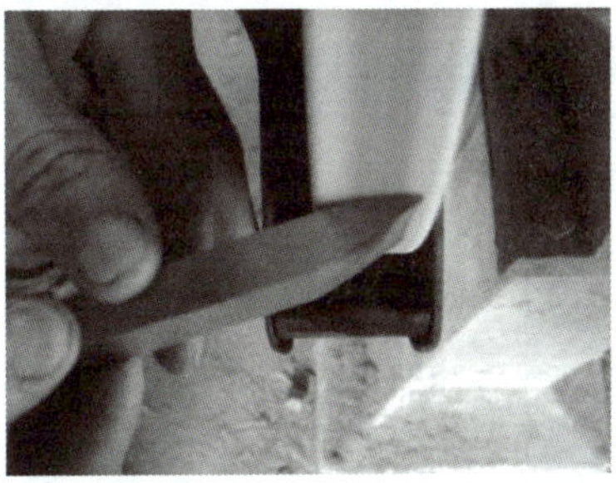
6	精磨主刀面	将车刀主后刀面正对砂轮，后角保持不变，并根据图样螺距计算刀头宽度（要略小于牙槽底宽）	
7	用螺纹对刀样板测量刀尖角	检查刀尖角，因车刀有径向前角，故螺纹样板应水平放置，做透光检查	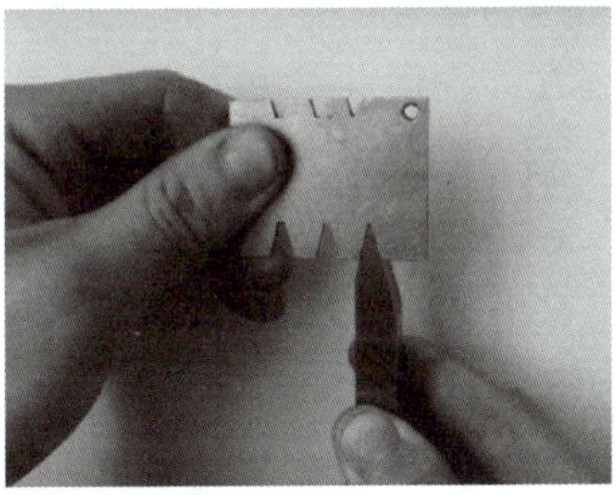

（二）车削梯形螺纹

1. 准备工作

（1）原材料准备

45 钢 $\phi45×42$ mm，数量：1 件/生。

(2) 工具准备

常用工具：一字螺钉旋具、活络扳手、钻夹头、活络顶尖等。

(3) 量具准备

量具：0~150 mm 钢直尺、万能角度尺、0~150 mm 游标卡尺、0~25 mm 外径千分尺、25~50 mm 外径千分尺等。

(4) 设备准备

设备：CA6140、砂轮机。

2. 车削步骤

车削梯形螺纹的步骤见表 6-4。

▼表 6-4　车削梯形螺纹的步骤

序号	工序	工序内容	图示
1	准备工作	根据图 6-2 样加工要求准备工具、量具、刀具	
2	工件校正安装	夹毛坯外圆校正、夹紧	
3	粗、精车端面	粗、精车端面，控制长度 123 mm ± 0.125 mm	

续表

序号	工序	工序内容	图 示
4	钻中心孔	钻中心孔	
5	一夹一顶安装	工件形成一夹一顶安装	
6	粗车台阶外圆	粗车螺纹大径 $\phi 40.2 \times 52$ mm	
7	切槽	切槽刀对准工件回转中心安装	
		保证 40 mm 台阶长,槽底直径 $\phi 32_{-0.1}^{0}$ mm,槽宽度 12 mm	
8	倒角	两端倒角 $C3$,去毛刺,倒角 $C0.5$	

续表

序号	工序	工序内容	图 示
9	安装外梯形螺纹粗车刀	车刀刀尖必须与工件轴线等高 角尖角平分线垂直于主轴轴线 车刀长度伸出合适	
10	调整间隙	调整小滑板塞铁间隙	
11	粗车调整车床	调整主轴转速手柄，转速调为 100 r/min	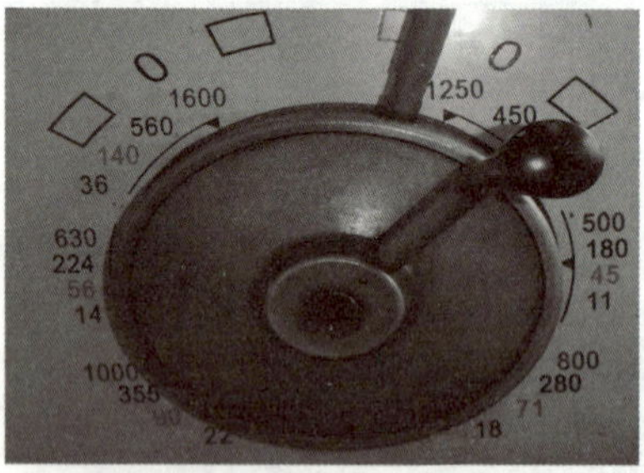
12	外圆对刀	外圆对刀，中滑板刻度值调"0"	 

续表

序号	工序	工序内容	图示
13	粗车外梯形螺纹	根据进给箱铭牌标注的螺距调整进给箱各手柄	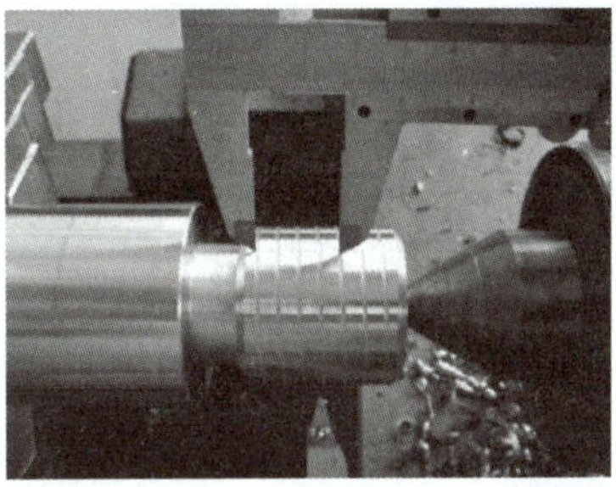
		中滑板控制切深 0.05 mm，走一刀，测量螺距是否正确	
		用直进法，按车削深度分别为 0.8 mm、0.6 mm、0.5 mm、0.4 mm、0.2 mm、0.1 mm 递减方法车削深度至 2 mm	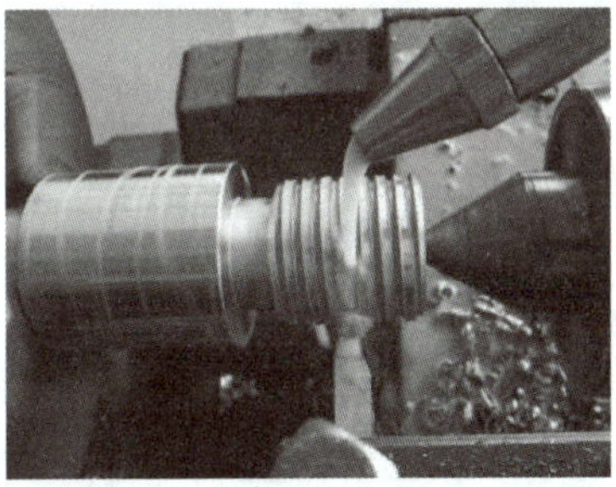
		利用斜进法借刀，将牙顶宽度加工至 $0.366P+0.4$（螺纹两侧的精车余量），牙深 $0.5P+a_c-0.2$ mm	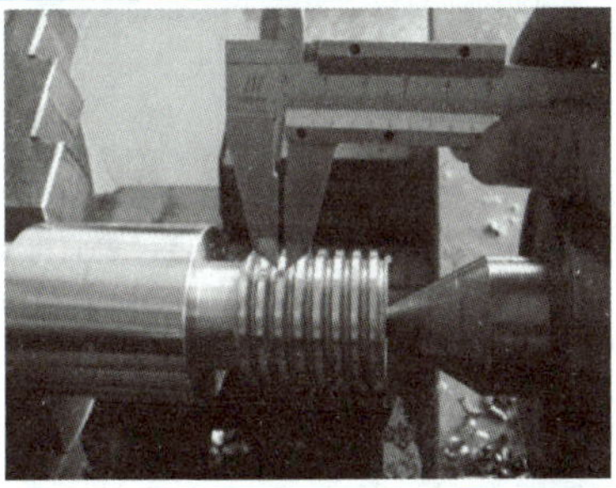
14	车床复位	车床各车削螺纹挡位复位	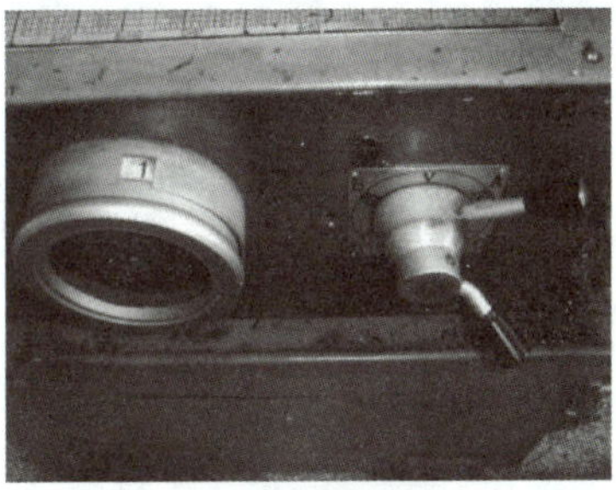
15	精车台阶外圆	精车螺纹大径至 $\phi 40_{-0.25}^{0}$ mm × $52_{-0.15}^{0}$ mm	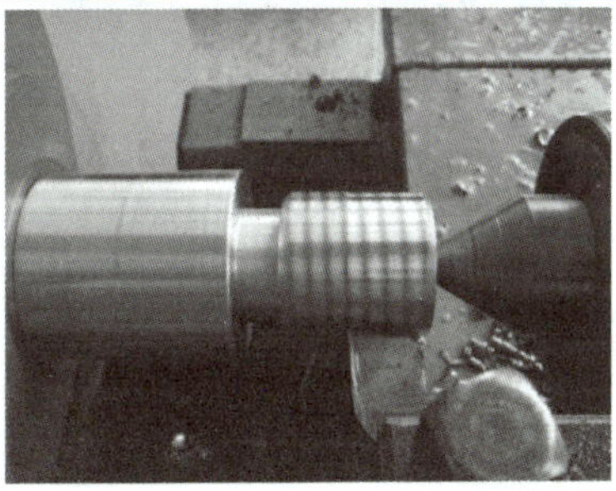

173

续表

序号	工序	工序内容	图示
16	精车调整车床	调整主轴转速手柄,转速调为 70 r/min	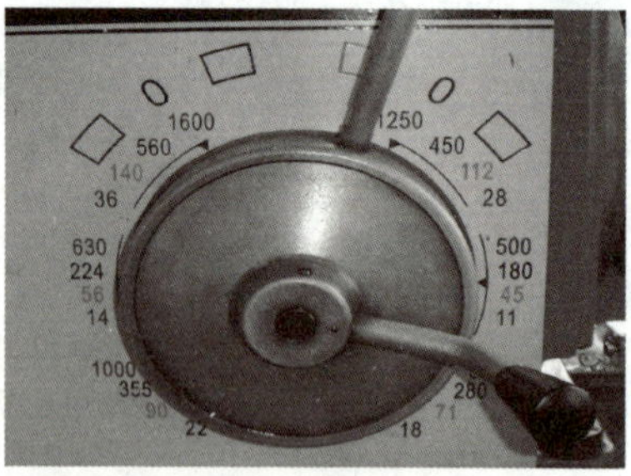
17	中途对刀	外圆对刀,中滑板刻度值调"0"	
		在开合螺母合上的情况下,将梯形螺纹刀对到梯形螺纹槽内	
18	精车梯形螺纹	精车外梯形螺纹牙底至图样要求(精度、表面粗糙度)	
		精车螺纹的前侧,保证表面粗糙度	
		精车螺纹的后侧面,保证螺纹中径尺寸和表面粗糙度	

续表

序号	工序	工序内容	图示
19	外梯形螺纹测量	用公法线千分尺加三针测量外梯形螺纹中径	
20	结束工作	工件加工完毕，卸下工件 自检：自己用量具测量并填表 互检：同学间相互检测 老师检测评价	

> **相关提醒**
>
> 1）梯形螺纹车刀两侧副切削刃应平直，否则工件牙型角不正；精车时，刀刃应保持锋利，螺纹两侧表面粗糙度要低。
> 2）调整小滑板的松紧，以防车削时车刀移位。
> 3）鸡心夹头或对分夹头应夹紧工件，否则车梯形螺纹时工件容易产生移位而损坏。
> 4）车梯形螺纹中途复装工件时，应保持拨杆原位，以防乱牙。
> 5）工件在精车前，最好重新修正顶尖孔，以保证同轴度。
> 6）在外圆上去毛刺时，最好把砂布垫在锉刀下进行。
> 7）不准在开车时用棉纱擦工件，以防出现危险。
> 8）车削时，为了防止因溜板箱手轮回转时不平衡，使床鞍移动时产生窜动，可去掉手柄。
> 9）车梯形螺纹时为防止"扎刀"，建议用弹性刀杆。

四、任务评价

任务评价表见表 6-5。

▼表 6-5　任务评价表

序号	考核项目	考核内容及要求	配分	评分标准	检测结果	得分
1	梯形螺纹基础	正确进行梯形螺纹的相关计算	5	不符合要求不得分		

续表

序号	考核项目	考核内容及要求	配分	评分标准	检测结果	得分
2	梯形螺纹车刀	正确刃磨梯形螺纹车刀	10	不符合要求不得分		
3	梯形螺纹加工	正确安装梯形螺纹车刀	10	不符合要求不得分		
4		掌握正确的梯形螺纹加工方法	10	不符合要求不得分		
5	长度尺寸	40	5	超差不得分		
6		$52_{-0.15}^{0}$	5	超差不得分		
7	外沟槽	B	5	超差不得分		
8	梯形螺纹尺寸	螺纹中径 $\phi 37_{-0.383}^{-0.118}$	20	超差不得分（中径千分尺测量）		
9		螺纹大径 $\phi 40_{-0.375}^{0}$	16	超差不得分		
10	倒角、去锐	C2，两处去锐	4	不符合要求不得分		
11	职业素养	操作姿势正确、动作规范，符合车工安全操作规程	10	不符合要求，酌情扣 5~10 分		

五、练习与提高

加工如图 6-15 所示的梯形螺纹。

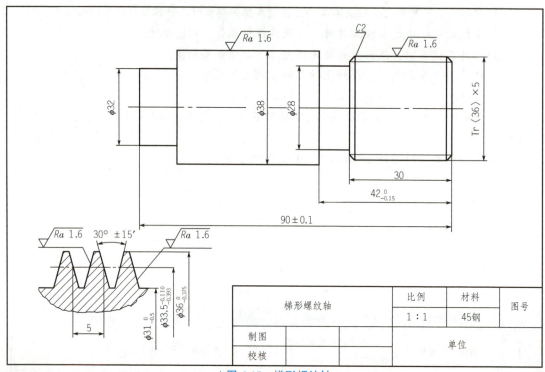

▲ 图 6-15 梯形螺纹轴

任务二 加工多线螺纹

加工如图 6-16 所示的多线螺纹。

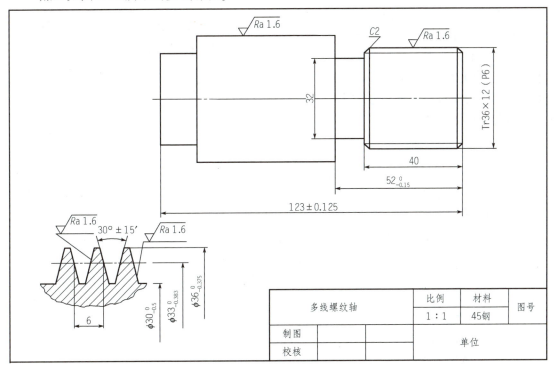

▲图 6-16 多线螺纹轴

一、任务目标

1）掌握多线梯形螺纹术语。
2）会用小滑板进行双头梯形螺纹分线。
3）一丝不苟、精益求精，安全文明生产。

二、任务资讯

（一）多线螺纹基本要素

螺纹和蜗杆有单线和多线之分。沿一条螺旋线所形成的螺纹称为单线螺纹（蜗杆）；沿两条或两条以上的螺旋线所形成的，且该螺旋线在轴向等距分布的螺纹称为多线螺纹（蜗

177

杆)。多线螺纹旋转一周时,能移动单线螺纹的几倍螺距,所以多线螺纹常用于快速移动机构中。判定螺纹的线数可根据螺纹尾部螺旋槽的数目判断[图6-17(a)],或从螺纹的端面上判定[图6-17(b)]。

多线螺纹的导程(L)是指在同一条螺旋线上相邻两牙在中径线上对应两点之间的轴向距离。多线螺纹的导程与螺距的关系是:$L = nP$(n为头数),单位为 mm。对于单线螺纹,其导程等于螺距。

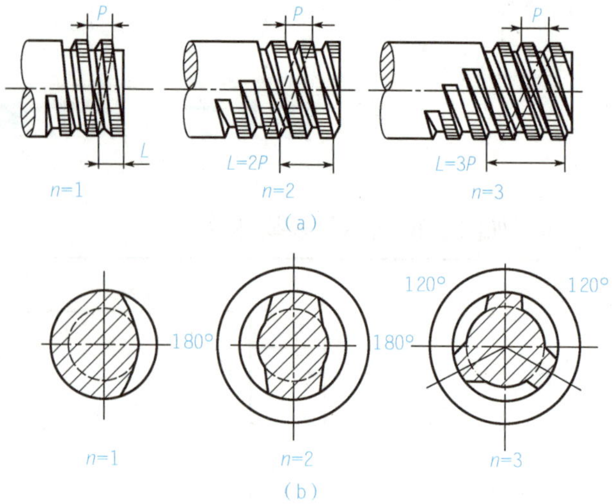

▲图6-17　单线螺纹与多线螺纹
(a)从螺纹尾部判定;(b)从螺纹端部判定

1. 多线螺纹的代号和计算

多线螺纹的代号表示不尽相同:
普通多线三角螺纹的代号用"螺纹特征代号×导程/线数"表示,如 M48×3/2、M36×4/2 等;梯形螺纹由"螺纹特征代号×导程(螺距)"表示,如 Tr40×14/2(P7)。

在计算多线螺纹或多线蜗杆的螺纹升角及蜗杆导程角时,必须按导程计算,即:

$$\tan\varphi = \frac{nP}{\pi d_2}, \quad \tan\gamma = \frac{nP}{\pi d_1}$$

式中　φ——螺纹升角;
　　　P——螺纹导程;
　　　n——为螺纹线数;
　　　d_2——螺纹中径;
　　　γ——蜗杆导程角;
　　　d_1——蜗杆分度圆直径。

多线螺纹(蜗杆)各部分尺寸的计算方法与单线螺纹相同。

2. 多线螺纹(蜗杆)的传动设置

在 CA6140 型车床上车削螺纹和蜗杆时,一般不需要进行交换齿轮计算,只需在进给箱上的铭牌中根据所车工件的导程找到相应手柄的位置,并使其调整到位即可。但对于在铭牌上查不到的非标螺距(导程),则需按工件导程重新计算,搭配交换齿轮,并使主轴箱输出的运动经过交换齿轮箱,直连丝杠(运动虽然经过进给箱但不改变速比)。

(二)多线螺纹分线

1. 车多线螺纹和多线蜗杆时的分线原理

车削多线螺纹(或蜗杆)与车削单线螺纹(或蜗杆)的不同之处是:按导程计算交换齿轮,按螺纹(或蜗杆)线数分线。多线螺纹(或蜗杆)的各螺旋槽在轴向是等距分布的,在端面上螺旋线的起点是等角度分布的。

多线螺纹和多头蜗杆的车削难度较单线螺纹、单头蜗杆为大。多线螺纹和多头蜗杆的技术要求如下：

① 多线螺纹的螺距必须相等，多头蜗杆的轴向齿距必须相等。
② 多线螺纹的小径必须相等，多头蜗杆的齿根圆直径必须相等。
③ 多线螺纹的牙型角必须相等，多头蜗杆的齿形角必须相等。

车削多线螺纹时，主要是考虑螺纹分线方法和车削步骤的协调，主要问题是解决好螺纹的分线或蜗杆的分头。如果分线(或分头)不准确，会使车削出的多线螺纹(或多头蜗杆)的螺距(或轴向齿距)互不相等，这样就会严重影响内、外螺纹(或蜗杆、蜗轮)的配合精度，降低使用寿命。因此必须掌握分线方法，控制分线精度。根据多线螺纹在轴向和圆周上等距分布的特点，分线方法有轴向分线法和圆周分线法。

2. 分线方法

根据多线螺纹在轴向和圆周上等距分布的特点，分线方法有轴向分线法和圆周分线法。

(1) 轴向分线法

当车好第一条螺旋槽之后，把车刀沿螺纹(或蜗杆)轴线方向移动一个螺距，再车第二条螺旋槽。采用这种方法，只需精确控制车刀移动的距离，就可以完成分线工作。

1) 利用小滑板刻度分线(图6-18)。利用小滑板的刻度值掌握分线时车刀移动的距离，即车好一条螺旋槽后，利用小滑板刻度使车刀移动一个螺距的距离，再车相邻的一条螺旋槽，从而达到分线的目的。

2) 利用开合螺母分线。当多线螺纹的导程为车床丝杠螺距的整数倍且其倍数又等于线数时，可以在车好第一条螺旋槽后，用倒顺车的方法将车刀返回到开始车削的位置，提起开合螺母，再用床鞍刻度盘控制车床床鞍纵向前进或后退一个车床丝杠螺距，在此位置将开合螺母合上，车另一条螺旋槽。

3) 用百分表分线(图6-19)。用百分表分线是利用百分表上的读数值来确定小滑板移动的距离。这种分线方法精度较高，但受百分表移动距离较小的影响，主要适用于分线精度要求高、螺距(或轴向齿距)较小的多线(头)螺纹(蜗杆)的单件生产。

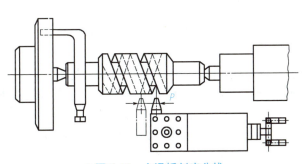

▲图6-18 小滑板刻度分线

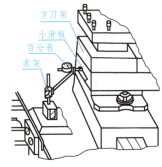

▲图6-19 用百分表分线

> ❀ 相关提醒
>
> 在应用移动小滑板分线前要校正小滑板行程与主轴的平行度，把百分表吸附在小滑板或刀架上，以螺纹外圆素线校正。

4)用百分表和量块分线(图6-20)。用百分表和量块分线是利用百分表上的读数值和量块来确定小滑板的移动距离。在百分表与挡块之间垫入一块(或一组)量块,其厚度最好等于工件的螺距(或轴向齿距),量块的使用克服了百分表移动距离小的不足,因此此法适用于导程较大、精度要求较高的多线螺纹(或多头蜗杆)的分线(头)。

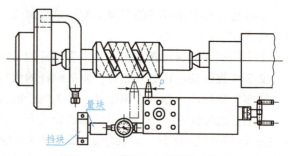

▲图6-20 用百分表和量块分线法

由于车削时的振动,容易使夹持在刀架上的百分表走动,所以,应经常找正百分表的零位。

小滑板刻度转过的格数 K 可用下式计算:

$$K = \frac{P}{a}$$

式中 P——螺距,mm;

a——小滑板刻度盘每格移动的距离,mm。

例题:车削 M36×6 螺纹时,车床小滑板刻度每格为 0.05 mm,计算分线时小滑板刻度应转过的格数。

解:先求出螺距,从题目中已知 $P = 6$ mm,分线时小滑板应转过的格数为 $K = \frac{P}{a} = \frac{6}{0.05} = 120$(格)。

(2)圆周分线法

当车好第一条螺旋线后,脱开主轴与丝杠之间的传动联系,使主轴旋转一个角度 θ($\theta = 360°/$线数),然后再恢复主轴与丝杠之间的传动联系,并车削第二条螺旋线的分线方法称为圆周分线法。

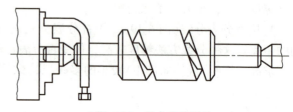

▲图6-21 用卡盘分线法

用卡盘分线法:当工件采用两顶尖装夹,并用三爪卡盘或四爪卡盘的卡爪代替拨盘时,可利用三爪卡盘的卡爪进行三线螺纹(或三头蜗杆)的分线,利用四爪卡盘的卡爪进行二线或四线螺纹的分线,如图6-21所示。

具体方法:当车好一条螺旋槽后,松开顶尖,把工件连同鸡心夹头一起转过一个角度,由卡盘的另一个卡爪拨动,然后再用顶尖支撑好后就可车削另一条螺旋槽。

由于卡盘卡爪的自身等分精度不高,因此用卡盘分线的方法虽然操作简单、方便,但分线精度较低。

(三)车削多线螺纹的进刀方法

多线螺纹、多头蜗杆每一条螺旋槽的车削方法与车削单线螺纹、单头蜗杆相同,关键是准确地分线和保证各螺旋槽尺寸一致。车多线螺纹、多头蜗杆时，不能将一条螺旋槽车削完成后，再车另一条螺旋槽，车削应按下列步骤进行：

1) 车第一条螺旋槽时，应记住中、小滑板的刻度值。

2) 根据工件的精度要求，选择适当的分线方法分线。用轴向分线法分线时，粗车第二条螺旋槽、第三条螺旋槽、……必须使中滑板的刻度值（即切削深度）与车第一条螺旋槽时相同。用圆周分线法分线时，中、小滑板的刻度值必须与车第一条螺旋槽时相同。

3) 采用左右切削法精车多线螺纹、多头蜗杆时，车削双线梯形螺纹测量及质量分析旋槽时，车刀的左、右赶刀量必须相等，以保证多线螺纹的螺距精度或多头蜗杆的轴向齿距精度。现以精车双线梯形螺纹为例，说明其操作要领，如图 6-22 所示。

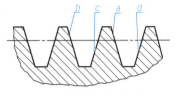

▲图 6-22　精车双线梯形螺纹步骤

① 精车第一条螺旋槽 a 面，记住向左赶刀量。

② 分线精车第二条螺旋槽的 b 面，向左赶刀量与精车面积相等。

③ 车刀向右赶刀精车 c 面，控制第二条螺旋槽的螺纹中径尺寸，使之符合图样要求。

④ 分线精车第一条螺旋槽的 d 面，控制螺纹中径尺寸，使两条螺旋槽的中径相等。

(四) 双线梯形螺纹的测量

1) 中径精度的测量：用单针测量法 (由于相邻两个螺纹槽不是一次车成，故不能用三针测量)，与单线梯形螺纹的测量方法相同，分别测量两个螺纹槽的中径至符合要求。

2) 线精度测量：用齿厚卡尺测量，方法与测量蜗杆相同，分别测量相邻两齿的厚度，比较其厚度误差，确定分线精度。

三、任务实施

车削双线梯形螺纹的过程如下。

1. 准备工作

(1) 原材料准备

45 钢 $\phi45×42$ mm，数量：1 件/生。

(2) 工具准备

常用工具：一字螺钉旋具、活络扳手、钻夹头、活络顶尖等。

(3) 量具准备

量具 0~150 mm 钢直尺、万能角度尺、0~150 mm 游标卡尺 、0~25 mm 外径千分尺、25~50 mm 外径千分尺等。

(4) 设备准备

设备：CA6140、砂轮机。

2. 车削步骤

双线梯形螺纹的车削步骤见表 6-6。

▼表 6-6 双线梯形螺纹的车削步骤

序号	工序	工序内容	图　示
1	准备工作	根据图样加工要求准备工具、量具、刀具	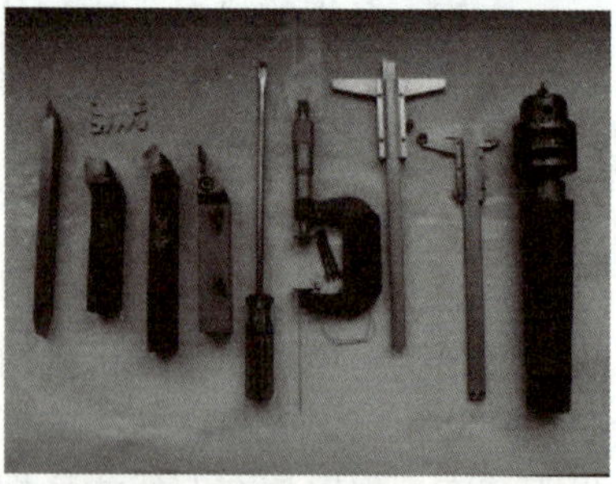
2	工件校正安装	装夹毛坯外圆，校正、夹紧	
3	车端面	粗、精车端面	
4	钻中心孔	钻中心孔	
5	工件安装	工件形成一夹一顶安装	

续表

序号	工序	工序内容	图 示
6	粗车台阶外圆	粗车螺纹大径 $\phi 36.2 \times 45$ mm	
7	切槽	切槽刀对准工件回转中心安装	
		保证 $45_{-0.16}^{0}$ mm 台阶长,槽底直径 $\phi 29_{-0.1}^{0}$ mm,槽宽度 10 mm	
8	切槽	两端倒角 $C2$	
9	安装外梯形螺纹粗车刀	车刀刀尖必须与工件轴线等高	
		角尖角平分线垂直于主轴轴线	
		车刀长度伸出合适	

183

续表

序号	工序	工序内容	图 示
10	调整间隙	调整小滑板塞铁间隙	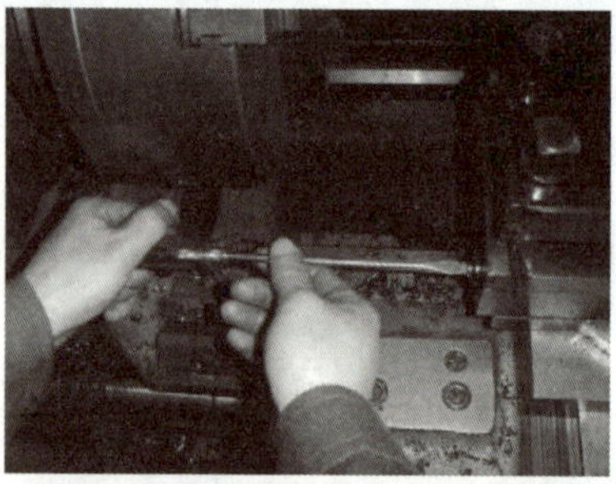
11	粗车调整车床	调整主轴转速手柄，转速调为80 r/min	
12	外圆对刀	外圆对刀，中滑板刻度值调"0"	 
13	粗车外梯形螺纹	根据进给箱铭牌标注的螺距（导程），调整进给箱各手柄	

续表

序号	工序	工序内容	图示
13	粗车外梯形螺纹	中滑板控制切深 0.05 mm，走一刀，测量螺距(导程)是否正确	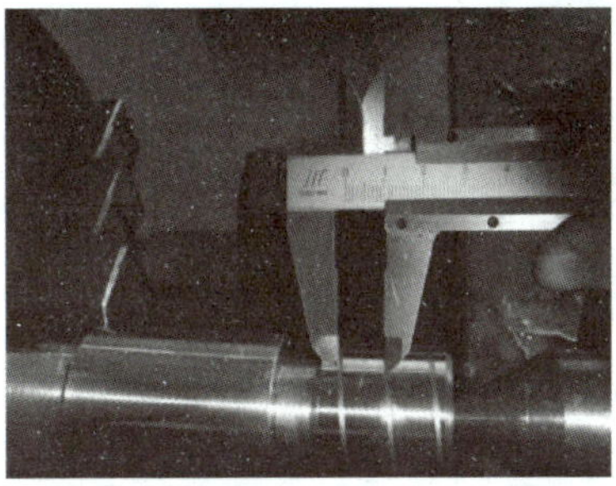
		先用直进法，粗车梯形螺纹第一条螺旋槽，按递减方法车削深度至 2 mm	
		小滑板向前移动一个螺距（$P = 6$ mm，小滑板移动 120 小格）	
		用直进法，粗车梯形螺纹第二条螺旋槽，按递减方法车削深度至 2 mm	
		利用斜进法借刀，将牙顶宽度加工至 $0.366P + 0.4$（螺纹两侧的精车余量），牙深 $0.5P + a_c$	

13	粗车外梯形螺纹	小滑板再向前移动一个螺距（$P=6$ mm，小滑板移动 120 小格），至第一条螺旋槽内粗车第二条螺旋槽，中滑板切深与第一条螺旋槽刻度值一样	
		微量向后移动小滑板，将螺纹的后侧面车平，然后小滑板在现在的刻度值基础上再向后移动一个螺距（$P=6$ mm，小滑板移动 120 小格），将另一条螺旋槽的后侧面车平	
14	车床复位	车床各车削螺纹挡位复位	
15	精车梯形螺纹外圆	精车螺纹大径至 $\phi 36_{-0.375}^{0}$ mm	
16	换外梯形螺纹精车刀	车刀刀尖必须与工件轴线等高	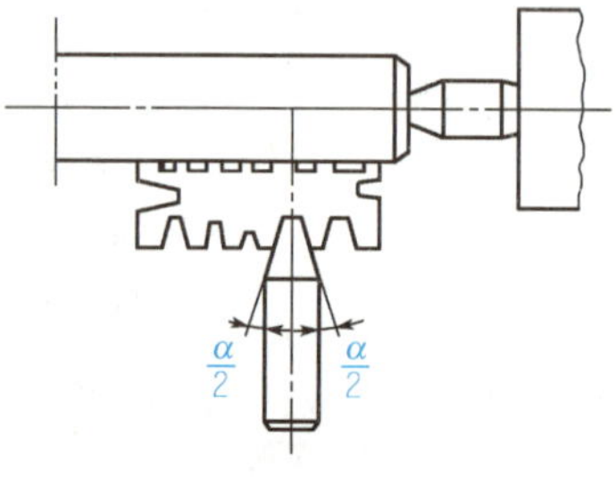
		角尖角平分线垂直于主轴轴线	
		车刀长度伸出合适	

续表

序号	工序	工序内容	图　示
17	精车调整车床	调整主轴转速手柄，转速调为 70 r/min	
18	中途对刀	外圆对刀，中滑板刻度值调"0"	
		在开合螺母合上的情况下，将梯形螺纹刀对到梯形螺纹槽内	
19	精车梯形螺纹	先精车外梯形螺纹第一条螺旋槽牙底至图样要求，然后再精车第二条螺旋槽牙底至图样要求	
		精车螺纹的前侧（两条螺纹的前侧都精加工好）	
		精车两条螺纹的后侧面，保证螺纹中径尺寸和表面粗糙度	

续表

序号	工序	工序内容	图示
20	外梯形螺纹测量	用公法线千分尺加三针测量外梯形螺纹的中径	
21	车床复位	车床车削螺纹各挡位复位	
22	结束工作	工件加工完毕，卸下工件 自检：自己用量具测量并填表 互检：同学间相互检测 老师检测评价	

> ❈ **相关提醒**
> 1）由于多线螺纹的螺纹升角大，车刀两侧后角要相应增减。
> 2）多线螺纹的导程大，车削时走刀速度快，要注意防止撞车。
> 3）车多线螺纹时，不可将一条螺旋线车好后，再车另一条螺旋槽。
> 4）用移动小滑板分头时应注意以下事项：
> ①检查小滑板行程量是否满足分线要求。
> ②小滑板移动方向必须和机床床身导轨平行，否则会造成分线误差。
> ③每次分线时，小滑板手柄转动方向要相同，否则会由于丝杆与螺母之间的间隙而产生误差。在采用左右切削法时，必须先车牙型的各个左侧面，再车牙型的各个右侧面（外螺纹）。
> ④在采用直进法车削小螺距多线螺纹工件时，应注意调整小滑板的间隙，不能太松，以防止切削时移位，影响分线精度。
> ⑤采用左右切削法加工多线螺纹时，为了保证多线螺纹的螺距精度，车削每条螺旋槽时车刀的轴向移动量（借刀量）必须相等。

四、任务评价

任务评价表见表6-7。

▼ 表6-7 任务评价表

序号	考核项目	考核内容及要求	配分	评分标准	检测结果	得分
1	多线螺纹基础	掌握多线螺纹的要素	5	不符合要求不得分		
2	多线梯形螺纹分线	了解多线螺纹分线方法	5	不符合要求不得分		
3	梯形螺纹加工	正确安装梯形螺纹车刀	10	不符合要求不得分		
4		掌握正确的双线梯形螺纹加工方法	15	不符合要求不得分		
5	长度尺寸	40	5	超差不得分		
6		$52_{-0.15}^{0}$	5	超差不得分		
7	外沟槽	B	5	超差不得分		
8	梯形螺纹尺寸	螺纹中径 $\phi 33_{-0.383}^{-0.118}$	20	超差不得分（中径千分尺测量）		
9		螺纹大径 $\phi 36_{-0.375}^{0}$	16	超差不得分		
10	倒角、去锐	倒角C2，两处去锐	4	不符合要求不得分		
11	职业素养	操作姿势正确、动作规范，符合车工安全操作规程	10	不符合要求，酌情扣5～10分		

五、相关资讯

圆周分线法

1. 利用挂轮齿数分线

利用挂轮齿数分线示意图如图6-23所示。双线螺纹的起始位置在圆周上相隔180°，三线螺纹的3个起始位置在圆周上相隔120°，因此多线螺纹各线起始点在圆周线上的角度α=360°除以螺纹线数，也等于主轴挂轮齿数除以螺纹线数。当车床主轴挂轮齿数为螺纹线数的整倍数时，可在车好第一条螺旋槽后停车，以主轴挂轮啮合处为起点将齿数做n（线数）等分标记，然后使挂轮脱离啮合，用手转动卡盘至第二标记处重新啮合，即可车削第二条螺旋线，依次操作能完成第三、第四乃至n线的分线。分线时，应注意开合螺母不能提起，齿轮必须向一个方向转动，这种分线方法的分线精度较高（决定于齿轮精度），但操作麻烦，且不够安全。

2. 利用多孔插盘（分度盘）分线

利用多孔插盘分线示意图6-24所示。分度盘固定在车床主轴上，盘上有等分精度很高的定位圆柱孔（一般以12个孔为宜，它可以分2个、3个、4个、6个及12个头的螺纹），被加工零件用鸡心夹头装夹在两顶尖间，车好第一条螺旋槽后，使工件转过一个所需要的角度，把定位锁插入另一个定位孔，然后再车第二条螺旋槽，这样依次分头。如分度盘为12个孔，车削3个头的多线螺纹时，每转过4个孔分1个头。这种方法的分线精度取决于分度盘精度。分度盘分度孔可用精密镗床加工，因此可获得较高的分线精度。用这种方法分线操作简单，但制造分度盘较麻烦，一般用于批量较大的多线螺纹的车削。

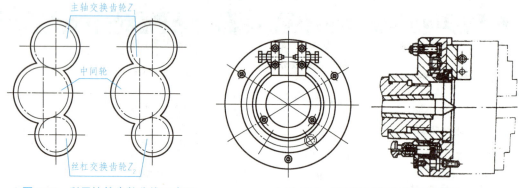

▲ 图 6-23 利用挂轮齿数分线示意图　　▲ 图 6-24 利用多孔插盘分线示意图

任务三　加工内梯形螺纹

加工如图 6-25 所示的内梯形螺纹轴。

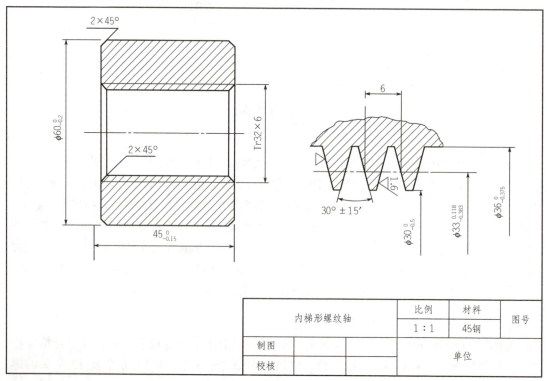

▲ 图 6-25 内梯形螺纹轴

一、任务目标

1) 能对内螺纹各部分尺寸进行正确的计算。
2) 能根据加工要求正确刃磨，安装内螺纹车刀，并合理使用。
3) 能对内螺纹进行规范车削。
4) 能正确使用螺纹塞规，对螺纹套的内螺纹进行质量判定。
5) 一丝不苟、精益求精，安全文明生产。

二、任务资讯

(一) 内梯形螺纹车刀的刃磨

内梯形螺纹车刀比外梯形螺纹车刀刚性差，所以刀柄的截面积尽量大些。刀柄的截面积尺寸与长度应根据工件的孔径与孔深选取。它和内三角螺纹车刀基本相同，只是刀尖角为 30°。

1. 内梯形螺纹车刀的角度

1) 两刃夹角：粗、精车刀应等于螺纹牙型角。
2) 刀头宽度：刀头宽度比外梯形螺纹牙顶宽度稍大些，亦可为 $0.336P$ 上极限偏差 $+0.03 \sim 0.05$，下极限偏差 0。
3) 纵向前角：一般为 $10° \sim 15°$。
4) 纵向后角：一般为 $8° \sim 10°$。
5) 两侧刃刃后角：

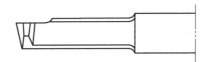

内梯形螺纹车刀如图 6-26 所示。

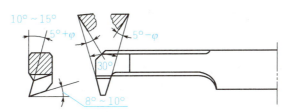

▲图 6-26 内梯形螺纹车刀

2. 内梯形螺纹车刀的刃磨要求

1) 用样板校对刃磨两刀刃夹角。

2)有纵向前角的两刃夹角应进行修正。

3)车刀刃口要光滑、平直、无爆口(虚刃),两侧副切削刃必须对称,刀头不歪斜。

4)用油石研磨,去除各切削刃的毛刺。

(二)梯形内螺纹孔径和刀头宽度的计算

梯形螺纹孔径的计算一般采用公式 $D_1=d-P$,其孔径公差可查梯形螺纹有关公差表。

例题:车削内梯形螺纹 Tr32×6,其孔径应是多大?

解:$D_{孔} \approx d-P \approx 26^{+0.50}_{0}$ mm

内梯形螺纹车刀的刀头宽度比外梯形螺纹牙顶宽度 f 稍大一些,亦可为 $0.366P^{+0.03\sim0.05}_{0}$ mm。

(三)车刀和刀杆的选择及装夹

刀杆尺寸根据工件内孔尺寸选择,孔径较小时采用整体式内螺纹车刀;一般采用刀杆式内螺纹车刀就能承受切削力。其几何角度、刀具材料与外梯形螺纹车刀相同。内梯形螺纹车刀一般磨有前角(车铸铁内梯形螺纹车刀除外),通过计算来修正刀尖角。

内梯形螺纹车刀的装夹基本上与车内三角螺纹时相同。车制对配的螺母时,保证车出的螺母与螺杆牙型角一致,采用专用样板,要以样板的基准面靠紧工件的外圆表面来找对车刀的正确位置。

(四)内梯形螺纹的车削方法

1. 工件的装夹

一般采用三爪卡盘装夹工件。

2. 车床的选择和调整

1)挑选精度较高、磨损较少的机床。

2)正确调整机床各处间隙,对床鞍、中小滑板的配合部分进行检查和调整,注意控制机床主轴的轴向窜动、径向圆跳动以及丝杠轴向窜动。

3)选用磨损较少的交换齿轮。

3. 内梯形螺纹车刀和刀杆的选择和装夹

(1)车刀的选择

通常以低速车削,一般选用高速钢材料。

1)刀杆尺寸根据工件内孔尺寸选择,孔径较小时采用整体式内螺纹车刀;一般采用刀杆式内螺纹车刀就能承受切削力。其几何角度、刀具材料与外梯形螺纹车刀相同。内梯形螺纹车刀一般磨有前角(车铸铁内梯形螺纹车刀除外),通过计算来修正刀尖角,也可查表。

2)内梯形螺纹车刀的装夹基本上与车内三角螺纹时相同。车制对配的螺母时,保证车出的螺母与螺杆牙型角一致,采用专用样板,要以样板的基准面靠紧工件的外圆表面来找对车刀的正确位置。

（2）车刀的装夹

1）车刀主切削刃必须与工件轴线等高（用弹性刀杆应高于轴线约 0.2 mm），同时应与工件轴线平行。

2）刀头的角平分线要垂直于工件的轴线。用样板找正装夹，以免产生螺纹半角误差。

4. 内梯形螺纹的车削方法

车削方法基本与车削内三角螺纹相同。车削内梯形螺纹时，进刀深度不易掌握，可先车准螺纹孔径尺寸，然后在平面上车出一个轴向深 1~2 mm、孔径等于螺纹基本尺寸（大径）的内台阶作为对刀基准，如图 6-27 所示。粗车时，保证车刀刀尖和对刀基准有 0.1~0.15 mm 的间隙。

精车时，使刀尖逐渐与对刀基准接触。调整中滑板刻度值至零位，再以刻度值零位为基准，不进刀车削 2~3 次，以消除刀杆的弹性变形，保证螺母的精度要求。

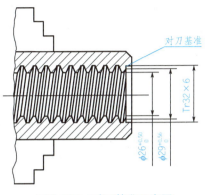

▲图 6-27　对刀基准示意图

5. 内梯形螺纹的测量方法

可采用标准螺纹塞规进行综合测量（综合测量法）。

三、任务实施

【试一试】

（一）刃磨内梯形螺纹车刀

1. 准备工作

（1）原材料准备

刀坯：硬质合金内梯形螺纹车刀一支。

（2）工具准备

常用工具：一字螺钉旋具、活络扳手等。

（3）量具准备

量具：万能角度尺、对刀样板。

（4）设备准备

砂轮机（80 目氧化铝砂轮、40 目氧化铝砂轮）。

2. 刃磨步骤

内梯形螺纹车刀的刃磨步骤见表 6-8。

▼ 表 6-8 内梯形螺纹车刀的刃磨步骤

序号	工序	工序内容	图示
1	粗磨前刀面	将车刀前面与砂轮平面水平方向倾斜 10°~15°，车刀前面与砂轮接触后，稍加压力刃磨，逐渐磨至靠近刀尖处	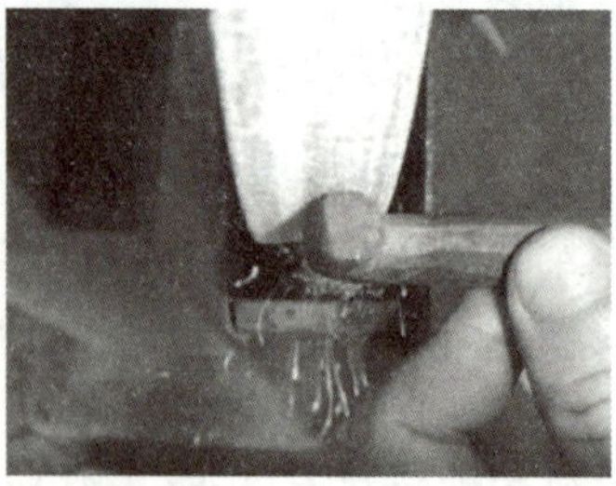
2	粗磨进给方向后面	磨左侧后面，刃磨时双手握刀，使刀杆与砂轮外圆水平方向成 15°，垂直方向倾斜约 $5°+\varphi$，车刀与砂轮接触后稍加压力，并均匀慢慢移动磨出车刀后面，刃磨左侧后面同前，后面基本磨好后，用万能角度尺检查刀尖半角 15°	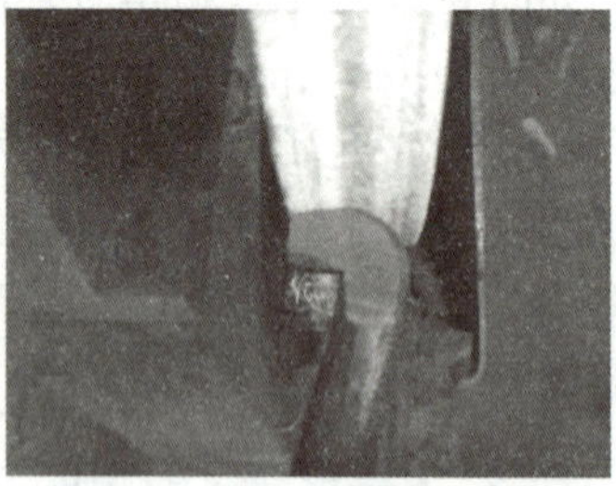
3	粗磨背离进给方向后面	磨右侧后面，刃磨时双手握刀，使刀杆与砂轮外圆水平方向成 15°，垂直方向倾斜约 $5°-\varphi$，车刀与砂轮接触后稍加压力，并均匀慢慢移动磨出后面，刃磨右侧后面同前，后面基本磨好后，用螺纹样板透光检查刀尖角 30°	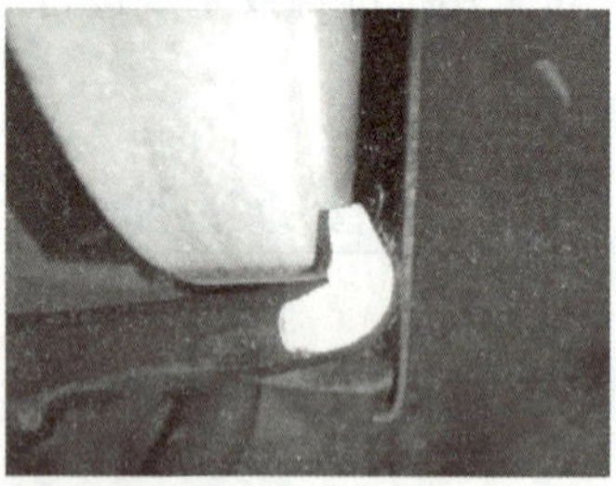
4	粗磨主刀面	将主后面正对砂轮，刀杆上翘 5°~7°，主切削刃宽度要略小于牙槽底宽（$0.366P$~$0.536a_c$）	
5	精磨车刀前面	将车刀前面与砂轮平面水平方向倾斜 10°~15°，车刀前面与砂轮接触后，稍加压力刃磨，逐渐磨至靠近刀尖处	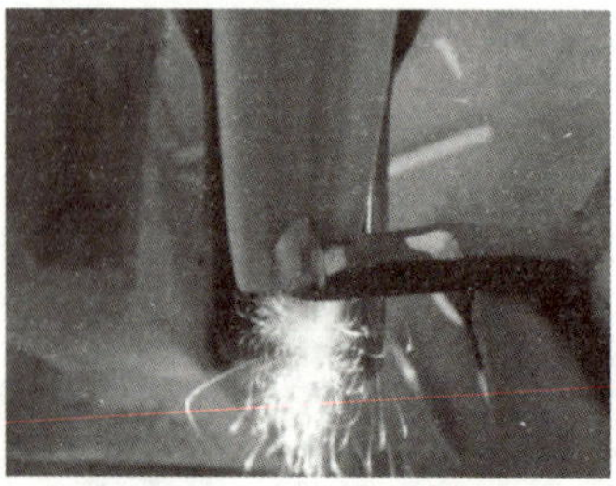

续表

序号	工序	工序内容	图示
6	精磨车刀两个后面	方法与粗磨相同,但须注意表面现面磨出即可,磨削量尽量小	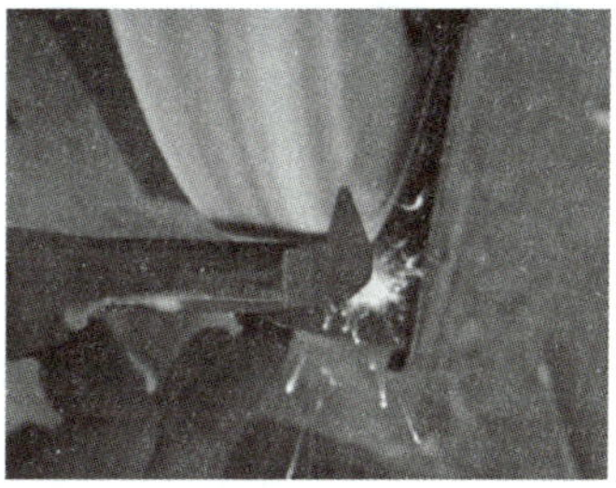
7	精磨主刀面	将主后面正对砂轮,主后角不变,主切削刃宽度要略小于牙槽底宽($0.366P \sim 0.536a_c$)。	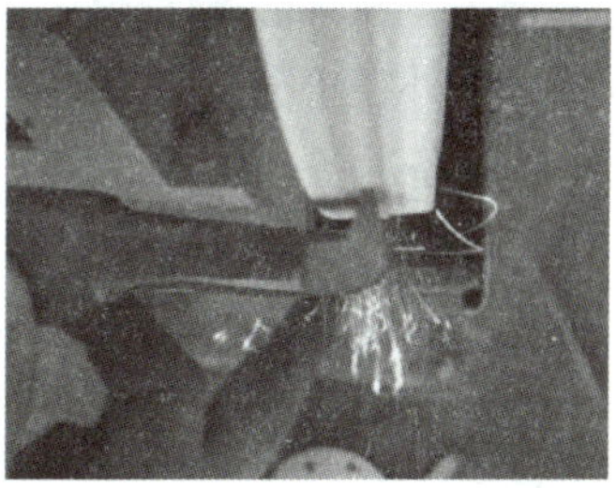
8	用螺纹对刀样板测量刀尖角	检查刀尖角,因车刀有径向前角,故螺纹样板应水平放置,做透光检查	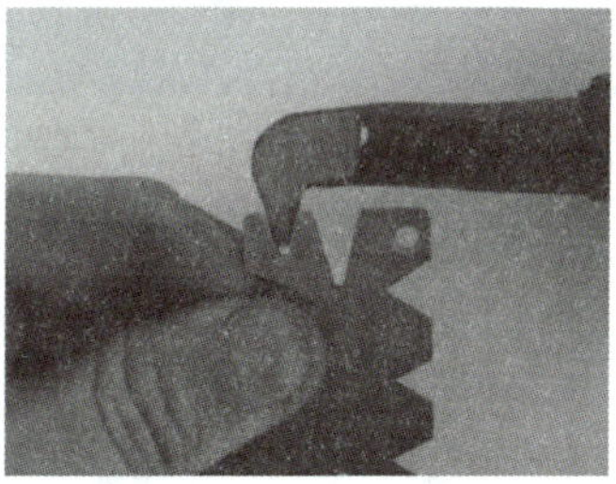

❋ 相关提醒

1)刃磨时刀刃要直,装刀角度要正。

2)调整小滑板的松紧,以防车削时车刀移位。

3)尽可能利用刻度盘控制退刀,以防止刀杆与孔壁相碰。

4)车削铸铁内梯形螺纹时,容易造成螺纹形面碎裂,用直进法车削时切削深度不能太深。

5)作为对刀基准面的台阶,在内螺纹车好后,可利用倒内孔角去除,如长度允许可把台阶车去再倒角。

6)车梯形螺纹时为防止"扎刀",建议用弹性刀杆。

7)不准在开车时用棉纱擦工件,以防出现危险。

8)车削时,为了防止因溜板箱手轮回转时不平衡,使床鞍移动时产生窜动,可去掉手柄。

(二)车削内梯形螺纹

1. 准备工作

(1)原材料准备

45钢 $\phi 60 \times 45$ mm,数量:1件/生。

(2)工具准备

常用工具:外梯形螺纹标准件、90°和45°车刀、切槽刀、内梯形螺纹车刀、一字螺钉旋具、活络扳手、钻夹头、活络顶尖等。

(3)量具准备

量具0~150 mm 钢直尺、万能角度尺、0~150 mm 游标卡尺、0~25 mm 外径千分尺、25~50 mm 外径千分尺等。

(4)设备准备

设备CA6140、砂轮机。

2. 车削步骤

内梯形螺纹的车削步骤见表6-9。

▼表6-9 内梯形螺纹的车削步骤

序号	工序	工序内容	图示
1	准备工作	根据图样加工要求准备工具、量具、刀具	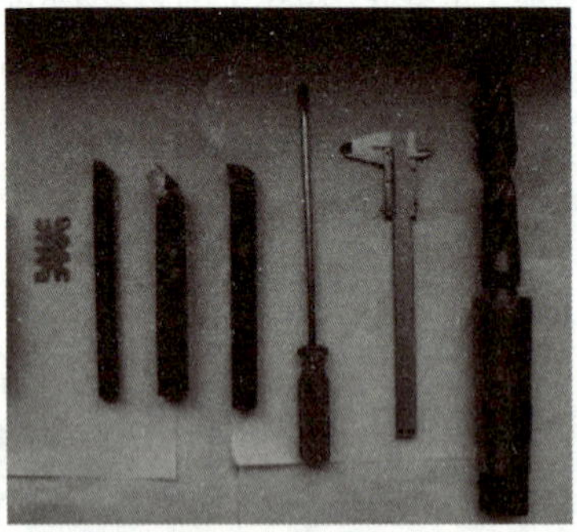
2	工件校正安装	工件用卡盘装夹找正,最后套用加力管将工件夹紧	

续表

序号	工序	工序内容	图示
3	粗、精车端面	粗、精车端面,光出为止	
4	钻孔	根据加工图样选择比内螺纹小径小 1~2 mm 直径的钻头(ϕ24)钻通孔	
5	倒角	45°车刀进行内、外倒角(考虑内孔有 2 mm 的加工余量)	
6	调头安装工件	用卡盘装夹大外圆并找正,最后套用加力管将工件夹紧	
7	粗、精车内孔	粗、精车端面,保证工件总长至图样要求	

续表

序号	工序	工序内容	图 示
8	粗、精车内孔	粗、精车内梯形螺纹小径至 $\phi 26^{+0.5}_{\ 0}$ mm	
9	倒角	倒角 C3	
10	安装内梯形螺纹车刀	车刀刀尖必须与工件轴线等高 角尖角平分线垂直于主轴轴线 刀装好后,应在孔内摇动床鞍至终点检查是否碰撞	

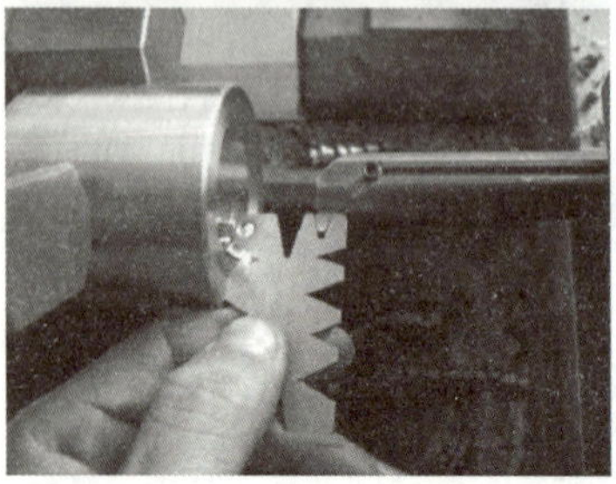

续表

序号	工序	工序内容	图示
11	粗车内梯形螺纹	根据进给箱铭牌标注的螺距，调整进给箱各手柄。 停车对刀，调整中滑板零位。纵横向同时退刀，车刀重对零位，空跑刀，测量螺距是否正确	
		用直进法，按车削深度分别为 0.8 mm、0.6 mm、0.5 mm、0.4 mm、0.2 mm、0.1 mm 的递减方法车削深度至 2 mm	
		利用斜进法借刀，目测将牙顶宽度加工至 $0.366P+0.4$（螺纹两侧的精车余量），牙深 $0.5P+a_c-0.2$ mm	

续表

序号	工序	工序内容	图示
12	换内梯形螺纹车刀并中途对刀	换内梯形螺纹精车刀（必须在开合螺母合上的情况下，启动车床，利用中、小板将车刀重新对到内螺纹螺旋槽里，记下刻度后退刀，然后再进行正常车削），进行螺纹精车	
13	精车内梯形螺纹	精车内梯形螺纹牙底与螺纹前侧至图样要求（精度、表面粗糙度） 精车螺纹的后侧面，保证螺纹中径尺寸和表面粗糙度	
14	检测螺纹	用外梯形螺纹标准件进行内梯形螺纹的测量（测量轴向间隙不能大于 0.1 mm）	
15	结束工作	工件加工完毕，卸下工件 自检：自己用量具测量并填表 互检：同学间相互检测 老师检测评价	

四、任务评价

任务评价表见表6-10。

▼表 6-10　任务评价表

序号	考核项目	考核内容及要求	配分	评分标准	检测结果	得分
1	内梯形螺纹车刀	正确刃磨内梯形螺纹车刀	15	不符合要求不得分		
2	内梯形螺纹加工	正确安装内梯形螺纹车刀	10	不符合要求不得分		
3		掌握正确的内梯形螺纹加工方法	15	不符合要求不得分		
4	长度尺寸	$45_{-0.15}^{0}$	5	超差不得分		
5	直径	$\phi 60_{-0.2}^{0}$	5	超差不得分		
6	内梯形螺纹尺寸	综合测量	20	不符合要求不得分		
		螺纹小径 $\phi 30_{-0.5}^{0}$	16	超差不得分		
7	倒角、去锐	C3，两处去锐	4	不符合要求不得分		
8	职业素养	操作姿势正确、动作规范，符合车工安全操作规程	10	不符合要求，酌情扣 5~10 分		

五、练习与提高

1）装夹内螺纹车刀需要注意哪些事项？
2）内螺纹车削与外螺纹车削有什么区别？
3）简述车削内螺纹前孔径的计算方法。

周建民：较劲毫厘

模 块 二 拓展训练（中级）

项目七

加工成型面与滚花零件

大家不难发现，在常见机器上有些零件表面，不是直线而是曲线，如圆球手柄（图7-1）、三球手柄和摇手柄等，这些带有曲线的表面称为成型面（又称特形面）。一般在车床上可进行曲线的粗加工。有些工具和机器零件的手柄，为了增加摩擦力和零件表面美观，需要在零件表面上加工不同的花纹，这些花纹一般都是在车床上用滚花刀滚压而成的（简称滚花），如外径千分尺套管及各种滚花螺母、螺钉等零件。

▲图 7-1 圆球手柄

任务一 了解成型面的加工方法

一、任务目标

1）了解成型面工件的特点。
2）了解成型面工件常用的加工方法。
3）掌握成型面工件的检测与质量方法。

二、任务资讯

成型面的种类较多（图7-2），根据成型面的精度要求及批量大小，在车床上可采用双手控制法及成型车刀法来加工成型面。

1. 双手控制法车削成型面

凡数量少或单件成型面，可采用双手控制法进行车削。操作时右手握小滑板手柄，左手握中滑板手柄，通过双手相互协调的合成运动即可车出所要求的成型面，如图7-3所示。

项目七 加工成型面与滚花零件

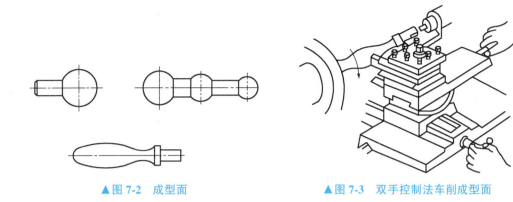

▲图 7-2 成型面　　　　　　　▲图 7-3 双手控制法车削成型面

双手控制法车削成型面的特点主要是车成型面灵活、方便，不需要其他辅助工具就能车出一般精度的成型面，但需操作者有较高的技术水平，同时加工零件精度不高，而且生产效率低，因此一般用于单件成型面的加工。

2. 用成型刀车削成型面

凡数量较多的成型件，一般采用成型刀车削。把车刀主切削刃刃磨成与工件表面形状相同的车刀称为成型刀。工件成型面的加工精度主要靠刀具保证。

（1）成型刀的种类

1）普通成型刀[图 7-4（a）]：这种成型刀与普通车刀相似。精度要求较低时，用手工刃磨。

2）圆形成型刀[图 7-4（b）]：这种圆形成型刀，在圆轮上开有缺口，使它形成前面和主切削刃。

3）棱形成型刀[图 7-4（c）]：棱形成型刀由切削部分和刀柄两部分组成。这种成型刀形状精度较高，但制造较复杂，一般用于成批成型面零件的加工。

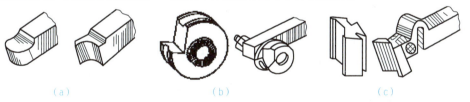

（a）　　　　　　　　　　（b）　　　　　　　　　　（c）

▲图 7-4 成型刀的种类

（a）普通成型刀；（b）圆形成型刀；（c）棱形成型刀

（2）成型刀的选择原则

成型刀车削成型面零件时，其精度主要靠刀具保证，因此，正确选择刀具的材料和合理的刀具几何形状是很重要的。

1）刀具材料的选择。刀具材料对成型面的表面粗糙度和生产效率有直接影响，一般根据加工零件的成型面特点和材料不同来选择。被加工材料是钢料，成型面变化小，而且形状简单，可选用 YT15 硬质合金。对于成型面复杂的成型刀，为了制造方便，一般采用高速钢较为合适。

2)刀具角度的选择。由于成型刀的主切削刃是一条曲线,其进给是单一的横向(或纵向)进给运动,与工件的接触面大,前角应选大些,一般选择 15°~20°,背向后角一般选择 60°~80°,车内孔时,成型面车刀背向后角还可适当增大,前角与上述基本相同。

(3)成型刀车削时防止振动的方法

1)机床要有足够的刚性,机床各部分间隙调整较小。

2)成型刀尽可能装得与主轴轴线等高,装高易扎刀,装低了会引起车削振动。

3)应采用较小的进给量(f)和切削速度(v_c),车钢料时必须加乳化液或切削油,车铸铁时可以不加或加煤油作为冷却润滑液。

3. 成型面的测量

(1)用样板测量

成型面零件在车削过程中和车好以后,一般都以样板测量为主,如图 7-5 所示。用样板测量成型面零件的方法:检验时,必须使样板的测量基准与工件的被测量面基准一致。成型面是否正确,可以由样板与成型面之间的配合间隙大小来判断。

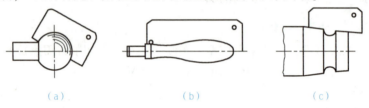

▲图 7-5 用样板检验成型面

(a)检验球面;(b)检验摇手柄;(c)检验斜面圆弧

(2)用千分尺测量圆球的圆度误差

在车削和检验圆球时,可用千分尺换几个方向来测量圆球的圆度误差,如图 7-6 所示。

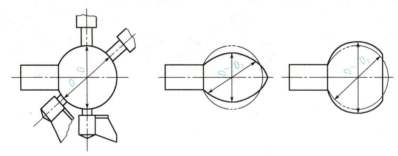

▲图 7-6 用千分尺测量圆球的圆度误差

4. 成型面的质量分析

成型面的质量分析见表 7-1。

▼ 表 7-1 成型面的质量分析

废品种类	产生原因	预防措施
零件轮廓不正确	用双手控制进给加工动作不协调，纵、横向进给速度不正确	加强动作训练，正确纵、横向进给
	车刀刃磨不正确	正确刃磨并安装车刀，适当减小切削用量
	车刀安装不正确	
	工件受切削力产生变形	
零件表面粗糙	零件装夹不正确，刚性差或伸出卡盘太长，加工时产生振动	正确装夹零件，提高零件刚性
	纵、横向进给量太大	减小进给量
	无切削液或选择不当	合理选择切削液

三、任务实施

▲【试一试】

1. 准备工作

1）调整主轴转速，车床润滑部分加油润滑，检查车床各部分结构是否完好。
2）检查刀具、量具、工具是否齐全，整齐放至指定位置。
刀具、量具、工具及毛坯规格见表 7-2。

▼ 表 7-2 刀具、量具、工具及毛坯规格

项目	规　格
刀具	45°、90°外圆车刀，4 mm 宽度切槽刀，$R3$ mm 圆弧刀
量具	游标卡尺（0～150 mm）、外径千分尺（0～25 mm、25～50 mm）
工具	卡盘扳手、刀架扳手、垫片等
毛坯	$\phi35\times150$ mm

2. 装夹零件、刀具

1）利用三爪卡盘装夹零件毛坯。
2）装夹刀具，注意刀具伸出长度、刀尖高度等。

3. 双手控制车削成型面练习

（1）双手控制的速度分析

用双手控制法车成型面，根据加工成型面，分析曲面上各点的斜率来确定纵、横进给速度的快慢，如图 7-7 和表 7-3 所示。

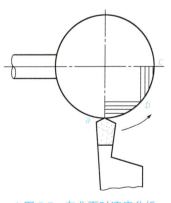

▲ 图 7-7 车曲面时速度分析

▼表7-3 车曲面时速度分析

位置	中滑板进给速度	小滑板进给速度
从 a 点开始	慢	快
a 点→b 点	稍快	稍慢
b 点→c 点	快	慢

（2）加工注意事项

1）加工成型面时，中、小滑板进给动作要同时进给、停止，加工过程中要协调进给速度，注意快慢程度，防止出现橄榄或台阶形状。

2）从零件中心向外加工成型面时，中滑板进给速度由慢到快，小滑板进给速度由快到慢；反之相反。

3）加工过程中及时进行检测并修饰，小心谨慎，防止工件报废。

四、任务评价

任务评价表见表7-4。

▼表7-4 任务评价表

序号	考核项目	考核内容及要求	配分	评分标准	检测结果	得分
1	零件装夹	掌握零件的装夹方式和步骤	10	不符合要求酌情扣分		
2	刀具选择装夹	掌握刀具的装夹要点	10	不符合要求酌情扣分		
3	双手控制车削成型面	双手协调进给加工成型面	60	不符合要求酌情扣分		
4	工具设备的正确使用与维护	正确、规范使用工具、量具、刀具，合理保养及维护工具、量具、刀具	10	不符合要求酌情扣分		
		正确、规范使用设备，合理保养及维护设备				
		操作姿势、动作正确				
5	职业素养	安全文明生产，符合国家颁发的有关法规或企业自定的有关规定	10	一项不符合要求不得分，发生较严重安全事故取消考试资格		

五、相关资讯

仿形法车削成型面

刀具按照仿形装置进给（或靠模装置进给），对工件成型面进行加工的方法称为仿形法。仿形车削成型面的方法较多，下面介绍两种主要方法。

1. 尾座靠模仿形法

尾座靠模仿形法即把一个标准样件（即靠模）装在尾座套筒里，在刀架上装上一把长刀夹，刀夹上装有车刀和靠模杆，如图7-8所示。车削时，用双手操纵中、小滑板（或使用大滑板自动进给），使靠模杆始终贴在靠模上，并沿着靠模的表面移动，结果是车刀在工件表面上车出与靠模形状相同的成型面。这种方法在一般车床上都能使用，但操作不太方便。

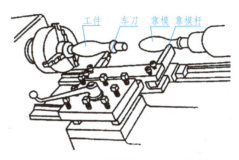

▲图7-8 尾座靠模仿形法加工成型面

2. 靠板仿形法

在车床上用靠板仿形法车成型面，实际上与靠模车圆锥面的方法相同，只需把锥度靠板换成一个带有曲面的靠模，并将滑块改为滚柱就行了。

如没有现成的靠模车床，可将普通的车床进行改装，如图7-9所示。在床身的前面装上靠模槽支架和靠板，滚柱通过拉杆与中滑板连接，并把中滑板丝杆抽去。当大滑板做纵向运动时，滚柱沿着靠板的曲槽里移动，使车刀刀尖做相应的曲线运动，这样就车出了工件的成型面。使用这种方法时，应将小滑板转过90°，以代替中滑板进给。这种方法操作方便，生产效率高，成型面正确，质量稳定，但只能加工成型表面变化不大的工件。

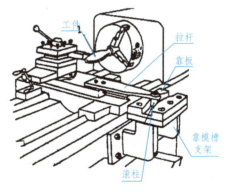

▲图7-9 靠板靠模法加工成型面

六、练习与提高

1) 简述成型面加工方法及特点。
2) 双手控制车削成型面时，中、小滑板进给速度有何区别？
3) 简述成型面工件的检测与质量分析方法。

任务二 滚 花

一、任务目标

1）了解并安装滚花刀具。
2）了解滚花加工方法。
3）能正确进行滚花质量分析。

二、任务资讯

滚花的花纹有直纹和网纹两种（图7-10）。花纹有粗细之分，并用节距 P 区分。节距越大，花纹越粗。

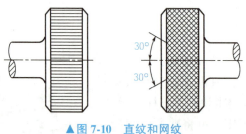

▲图7-10 直纹和网纹

1. 滚花刀

滚花刀有单轮、双轮和六轮共三种类型，见表7-5。

▼表7-5 滚花刀的种类

种类	单轮滚花刀	双轮滚花刀	六轮滚花刀
图示			
结构	直纹滚轮	两只旋向不同的滚轮	3对不同节距的滚轮
用途	滚直纹	滚网纹	滚3种不同节距的网纹

2. 滚花的方法

滚花是指用滚花刀来挤压工件，使其表面产生塑性变形而形成花纹，所以在滚花时产生的径向挤压力是很大的。

1）滚花前，根据工件材料的性质以及花纹的粗细，把滚花部分的直径车小 $0.25 \sim 0.5P$（mm）。

2）把滚花刀紧固在刀架上，使滚花刀的表面与工件平行接触，装夹滚花刀中心与工件中心等高。

3）在滚花刀接触工件时，必须用较大的压力进刀，使工件挤出较深的花纹，否则易产生乱纹（俗称破头），这样来回滚压 1~2 次，直到花纹凸出为止，如图 7-11 所示。

4）为了减小开始时的径向压力，可先把滚花刀表面宽度的一半与工件表面相接触，或把滚花刀装得略向右偏斜，使滚花刀与工件表面有一个很小的夹角（类似车刀的副偏角），这样比较容易压入，如图 7-12 所示。

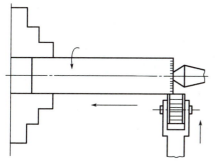

▲图 7-11 滚花刀接触工件图样

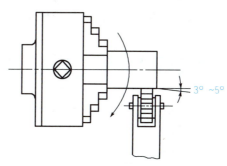

▲图 7-12 滚花刀右偏装夹图样

5）在滚压过程中必须常加润滑油和清除切屑，以免损坏滚花刀和防止滚花刀被切屑滞塞而影响花纹的清晰度。

3. 滚花的质量分析

滚花操作方法不当时，很容易产生乱纹，其原因和预防方法见表 7-6。

▼表 7-6 滚花的质量分析

废品种类	产生原因	预防措施
零件轮廓不正确	零件外径周长不能被滚花节距除尽	外圆略车小一些
	开始滚花时，吃刀压力太小或滚花刀与零件表面接触长度过大	开始滚压时使用较大压力，把滚花刀偏一个很小角度
	滚花刀转动不灵活或滚花刀与刀杆小轴配合间隙过大	修整或调换滚花刀
	工件转速太高，滚花刀与零件表面产生滑移	降低车床转速
	滚花前没有清除滚花刀中的细屑或滚花刀刀齿破损	清除细屑或调换滚花刀

三、任务实施

▲【试一试】

1. 准备工作

1)选择较低切削速度(一般取 5~10 mm/min),车床润滑部分加油润滑,检查车床各部分结构是否完好。

2)检查刀具、量具、工具是否齐全,整齐放至指定位置。

刀具、量具、工具及毛坯规格见表 7-7。

▼表 7-7　刀具、量具、工具及毛坯规格

项目	规　格
刀具	滚花刀
量具	游标卡尺(0~150 mm)、外径千分尺(0~25 mm、25~50 mm)
工具	卡盘扳手、刀架扳手、垫片等
毛坯	$\phi 35 \times 150$ mm

2. 装夹零件、刀具

1)利用三爪卡盘装夹零件毛坯,因滚花时的背向力较大,零件必须装夹牢固。

2)装夹滚花刀,注意刀具伸出长度,滚花刀的滚轮中心与零件回转中心等高。

3. 滚花

1)车外圆,把滚花部分的直径车小 $0.25~0.5P(\text{mm})$。

2)动车床,加注切削液,将滚花刀滚轮整体或部分宽度与零件外圆表面接触并滚压,挤压力要适当增大,在零件表面上形成一圈较深的花纹,停车检查花纹节距及深度,符合要求后调整纵向进给速度(一般为 0.3~0.6 mm/r)。

3)纵向机动进给,反复滚压 1~2 次,直至花纹达到要求。

4)滚花时,仔细查看滚花刀具磨损情况,及时清除切屑。

> ✹ 相关提醒
>
> 1)滚压前,零件表面粗糙度应不低于 12.5 μm。
>
> 2)滚压直纹时,滚花刀的滚齿必须与零件表面平行,否则花纹不直。
>
> 3)滚压过程中,严禁用手或棉纱接触滚压表面,以防人身事故的发生。
>
> 4)浇注切削液或清除切屑时,应避免毛刷接触零件与滚轮的咬合处,以防毛刷被卷入。
>
> 5)滚压细长零件时,应提高零件刚性,防止零件弯曲;滚压薄壁零件时,应防止变形。

四、任务评价

任务评价表见表7-8。

表7-8 任务评价表

序号	考核项目	考核内容及要求	配分	评分标准	检测结果	得分
1	零件装夹	掌握零件的装夹方式	10	不符合要求酌情扣分		
2	滚花刀选择及装夹	掌握刀具的装夹要点	10	不符合要求酌情扣分		
3	滚花	正确滚花,花纹清晰、正确、无乱纹	60	不符合要求酌情扣分		
4	工具设备的正确使用与维护	正确、规范使用工具、量具、刀具,合理保养及维护工具、量具、刀具	10	不符合要求酌情扣分		
		正确、规范使用设备,合理保养及维护设备				
		操作姿势、动作正确				
5	职业素养	安全文明生产,符合国家颁发的有关法规或企业自定的有关规定	10	一项不符合要求不得分,发生较严重安全事故取消考试资格		

五、相关资讯

研 磨

1. 研磨的作用

研磨可以改善工件的表面形状误差(圆度和圆柱度),得到很高的尺寸精度(IT6)和很小的表面粗糙度($Ra0.1\ \mu m$),研磨方法有手工和机械研磨两种。在车床上一般采用手、机相结合的研磨方法加工。

2. 研磨方法和工具

(1)研磨轴类工件

研磨轴类工件一般采用铸铁套筒作为研磨工具。如图7-13所示,套筒的内径尺寸按工件的外圆尺寸配车,套筒的内表面可加工几条不通沟槽,套筒的一面切开,借以调节尺寸。套筒内孔和工件外圆配合后,

▲图7-13 外圆的研磨

装入金属夹箍和调节松紧螺钉，调节好研磨套筒内表面和工件外圆的配合间隙，其间隙不宜过大，研磨剂涂在工件外表面。研磨前工件必须留 0.005~0.02 mm 的研磨余量。工件以低速旋转，手握金属夹箍柄，在工件外表做轴向来回均匀移动，并且常加研磨剂，直至尺寸和表面粗糙度值达到要求。

(2) 研磨孔

研磨孔的工具由锥度心轴与锥度套筒配合组成，如图 7-14 所示。

锥套内锥孔与外锥心轴配合，锥套外径表面上开几条沟槽，一面切开，可转动螺母和锥度心轴，调节锥度套筒外

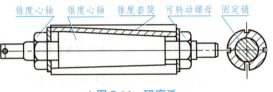

▲图 7-14　研磨孔

径大小，控制孔的研磨尺寸。固定销用来防止研磨心轴与锥套相对旋转，研磨时套筒表面涂上研磨剂，研磨心轴装夹在三爪卡盘上，用一夹一顶的装夹方法，使工件低速旋转，工件孔装入锥套外径上，用手扶着做匀速轴向来回移动。研磨前工件留余量按具体情况确定。

3. 研磨工具材料

1) 研磨工具材料的性能要求

研磨工具材料应比研磨工件材料的硬度低，组织均匀，内有微小针孔，能储存研磨剂；耐磨性好，可保证研磨质量，反之影响研磨尺寸精度和表面粗糙度。

2) 常用的工具材料种类

①灰铸铁：灰铸铁是较理想的研磨工具材料，适用于研磨各种淬火钢工件。

②软钢：软钢使用较少，强度比灰铸铁好，常用于研磨小孔和 M8 以下螺纹工件。

③铸造铝合金：铸造铝合金一般用于研磨铜料工件。

④硬木材：硬木材用于研磨软金属。

⑤轴承合金(巴氏合金)：轴承合金用于软金属的精研磨和高精度铜合金轴承等。

4. 研磨剂

研磨剂是磨料和研磨液及辅助材料的混合剂。

1) 金刚石粉末：即结晶碳(C)，其颗粒很细，是目前已知最硬的材料，切削性能好，但价格昂贵，适用于研磨硬质合金刀具或工具。

2) 碳化硼(B_4C)：硬度次于金刚石粉末，价格也贵，用来精研磨和抛光硬度较高的工具钢和硬质合金等材料。

3) 氧化铬(Cr_2O_3)和氧化铁(Fe_2O_3)：颗粒极细，用于表面粗糙度值极小的表面最后研光。

4) 碳化硅(SiC)：有绿色和黑色两种。绿色碳化硅用于研磨硬质合金、陶瓷、玻璃等材料；黑色碳化硅用于研磨脆性或软性材料，如铸铁、铜、铝等。

5) 氧化铝(Al_2O_3)：有人造和天然两种，硬度高，但比碳化硅低；颗粒小，制造成本低，广泛用于研磨一般碳钢和合金钢。

目前，工厂需用的是氧化铝和碳化硅两种微粉磨料。微粉的粒度号用 W 表示，数字代表磨粒宽度尺寸。例如，W14 表示磨粒尺寸为 10~14 μm 的微粉磨料。

（1）研磨液

磨料不能单独用于研磨，必须加研磨液和辅助材料。常用研磨液为10号机油，煤油和淀子油、研磨液的作用是：①使微粉能均匀分布在研具表面；②冷却和润滑。

（2）辅助材料

辅助材料是一种黏度较大和氧化作用较强的混合脂。常用的辅助材料有硬脂酸、油酸、脂肪酸和工业甘油等。辅助材料的主要作用是使工件表面形成氧化薄膜，加速研磨过程。为了方便，一般工厂中均使用研磨膏。研磨膏是在磨料中加入油酸、混合脂（或黄油）或少许煤油配制而成。

六、练习与提高

1）简述滚花刀的选择及装夹方法。
2）简述滚花加工方法。
3）简述滚花加工质量分析内容及注意事项。

任务三　加工球柄

一、任务目标

1）掌握球柄的车削工艺方法，能独立加工滚花、成型面。
2）能进行零件质量分析并安全文明生产。

二、任务资讯

1）零件名称：球柄（图7-15）。

2）零件组成：由$S\phi30$球体和0.8 mm网纹组成，通过中间$\phi12$小圆柱连接，形成一个整体。

3）零件技术要求：球体尺寸为$S\phi30$，网纹节距为0.8 mm，零件表面粗糙度要求为12.5 μm，所有尺寸为未注公差尺寸，精度要求不高。

4）零件工艺分析：根据零件形状及技术要求，宜采用三爪卡盘直接装夹，一次性完成零件球体和滚花加工，再整体切断，调头车端面，完成零件加工。

在加工中，因滚花背向力较大，所以先进行外圆加工，然后切槽，再滚花，再车成型面，最好切断并调头车端面、倒角。

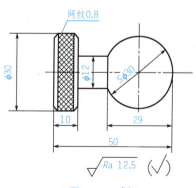

▲图7-15　球柄

三、任务实施

▲【试一试】

1. 准备工作

1）调整主轴转速，车床润滑部分加油润滑，检查车床各部分结构是否完好。
2）检查刀具、量具、工具是否齐全，整齐放至指定位置。
3）熟悉图样，检查毛坯是否符合图样要求。

刀具、量具、工具及毛坯规格见表7-9。

▼表7-9　刀具、量具、工具及毛坯规格

项目	规　格
刀具	45°、90°外圆车刀，4 mm 宽度切槽刀，滚花刀，$R3$ mm 圆弧刀
量具	游标卡尺（0~150 mm）、外径千分尺（0~25 mm、25~50 mm）
工具	卡盘扳手、刀架扳手、垫片等
毛坯	$\phi40\times78$ mm

2. 装夹零件、刀具

1）利用三爪卡盘装夹零件毛坯。
2）装夹刀具，注意刀具伸出长度、刀尖高度等。

3. 零件加工

零件加工步骤见表7-10。

▼表7-10　零件加工步骤

序号	加工内容	加工示意图
1	找正装夹零件、刀具，车外圆	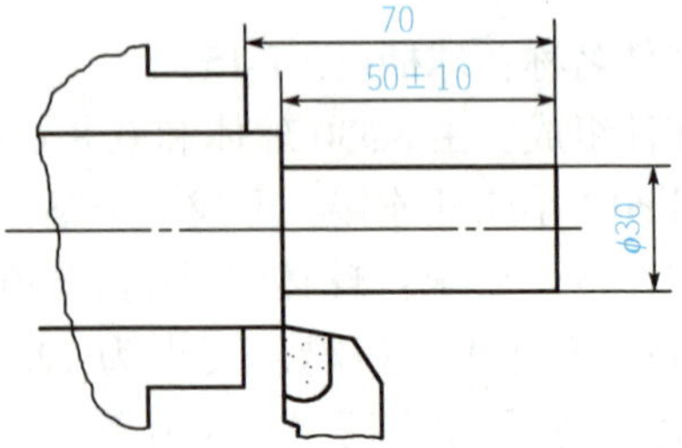
2	切槽	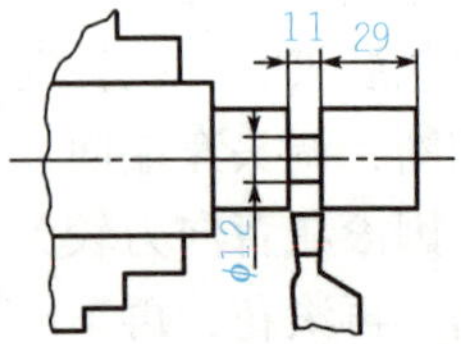

续表

序号	加工内容	加工示意图
3	滚花	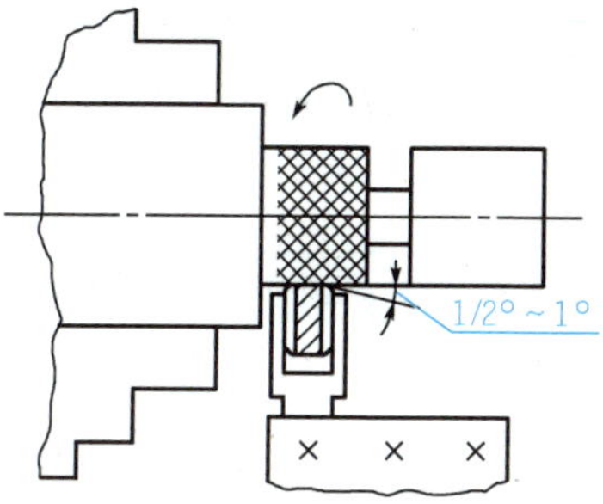
4	划线 φ30 球中心线，倒角	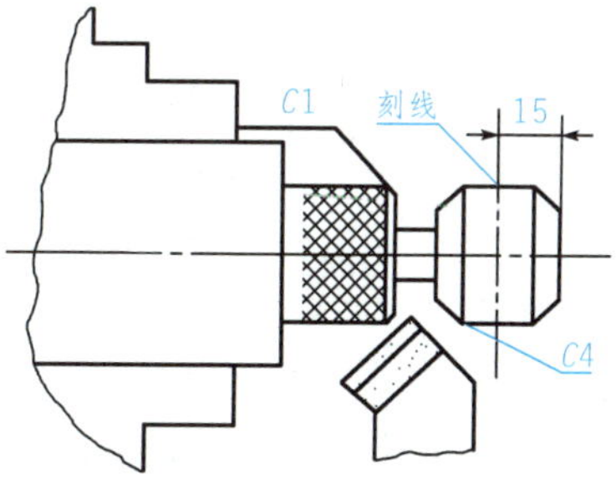
5	φ30 球面采用手动控制加工，球面可用专用样板或千分尺多点比较测量	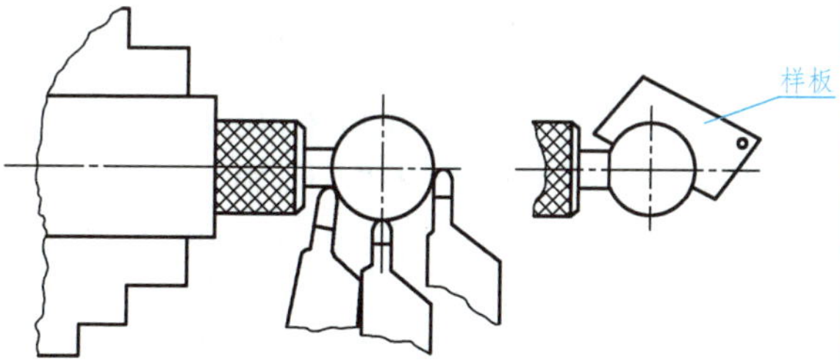
6	切断	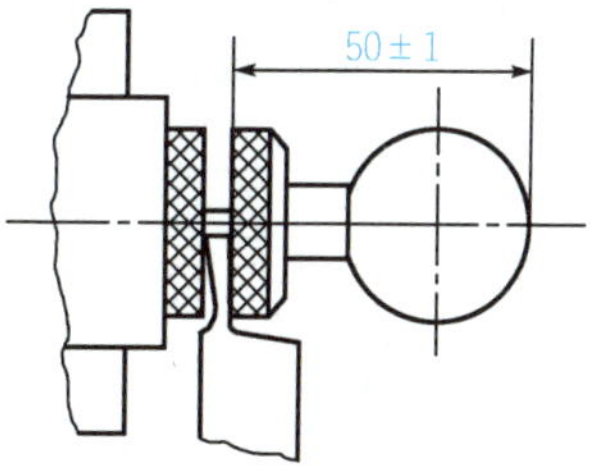
7	调头装夹找正，车端面，锐角倒钝，检查各部分尺寸是否符合图样要求	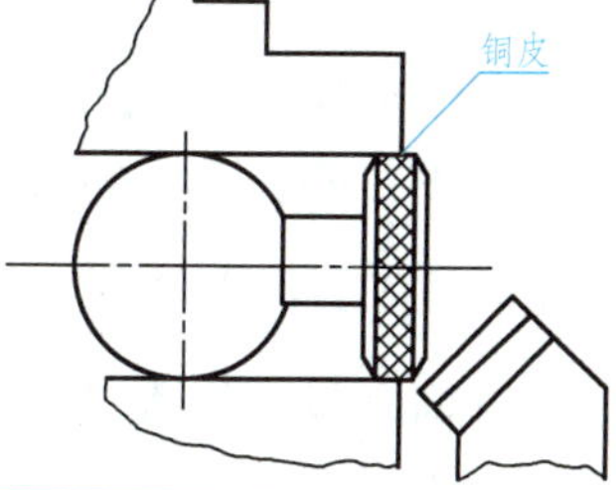
8	卸下零件，清除切屑，车床清洁、保养	

四、任务评价

任务评价表见表 7-11。

表 7-11 任务评价表

序号	考核项目	考核内容及要求	配分	评分标准	检测结果	得分
1	球体	$S\phi30$	15	超差酌情扣分		
2	滚花	网纹 0.8 mm	30	超差酌情扣分		
3	外圆	$\phi30$	5	超差不得分		
4		$\phi12$	5	超差不得分		
5	长度	50 mm	5	超差不得分		
6		10 mm	5	超差不得分		
7		29 mm	4	超差不得分		
8	表面粗糙度	$Ra12.5\ \mu m$	8	超差不得分		
9	其他	锐角倒钝	3	超差不得分		
10	职业素养	正确、规范使用工具、量具、刀具，合理保养及维护工具、量具、刀具	10	不符合要求酌情扣分		
		正确规范使用设备，合理保养及维护设备				
		操作姿势、动作正确				
11	职业素养	符合安全文明生产，符合国家颁发的有关法规或企业自定的有关规定	10	一项不符合要求不得分，发生较严重安全事故取消考试资格		

五、相关资讯

表面抛光

采用双手控制法车成型面时，由于手动进给不均匀，对工件表面粗糙度影响较大，需用粗细锉刀修整修光，最后用砂布抛光表面。

1. 用锉刀修成型面零件

使用方法：锉削余量不能太多，一般留 0.1 mm 左右，且锉削速度也不能太高，$v_c<10$ m/min，操作时左手握住锉刀柄，右手握锉刀前端，锉削压力要均匀，不可用力过大，否则影响圆度。磨削时注意力要集中，防止锉刀与旋转卡盘及卡爪相碰，以防止事故发生。

2. 用砂布抛光

工件经锉削修成型后,但粗糙度仍然较大,需要用砂布抛光。

在车床上常用的砂布是用刚玉砂粒制成的。根据砂粒粗细分为00号、0号、1号和2号。号数越小,砂粒越细,00号是最细砂布。使用砂布时选择高速旋转,手握住砂布两端在工件上来回移动,必要时可加少量机油,以提高表面质量。

身边的大国工匠:车工董日中的"封神"前后

六、练习与提高

1)简述球柄的加工工艺分析内容。
2)简述球柄的加工方法及注意事项。

项目八

加工典型零件

任务一　加工球头圆锥轴

加工图 8-1 所示的球头圆锥轴。

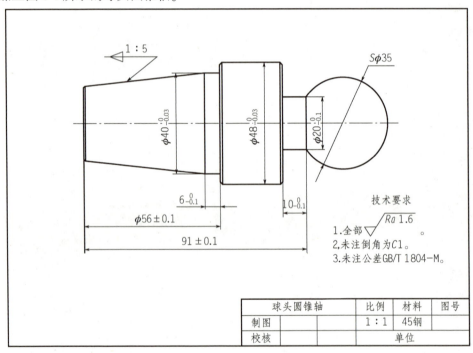

▲图 8-1　球头圆锥轴

一、图样识读

1. 读标题栏

了解零件名称、材料、比例、图号等。

2. 分析视图

该零件图只有一个基本视图——主视图，轴线水平放置，能很清楚表达零件形状和结构。

项目八　加工典型零件

3. 分析尺寸

从图8-1中可以看出，不同直径处的直径尺寸，均以轴心为标注尺寸的基准；长度方向上以轴左端面为主要尺寸基准，阶梯轴的台阶面为尺寸辅助基准，对加工、测量都比较方便。

左端为1∶5圆锥，右端为球类成型面，圆的直径为ϕ35。

图8-1中标有尺寸公差的尺寸都是重要尺寸。图中的公差为GB/T 1804-M。表面粗糙度要求较高为Ra1.6 μm。

4. 看技术要求

技术要求中未注倒角均为C1(1×45°)，表面粗糙度全部Ra1.6 μm，未标注公差GB/T 1804-M，毛坯材料ϕ50×125 mm。

二、工艺分析

零件的加工工艺分析见表8-1。

▼表8-1　零件的加工工艺分析

项目内容	内容分析说明	图示
设备选择	零件加工设备选用CA6140型卧式车床	
刀具的选择	本例零件加工需要4把车刀，即90°外圆车刀、45°弯头车刀、刀头为4 mm的切槽刀和圆头刀	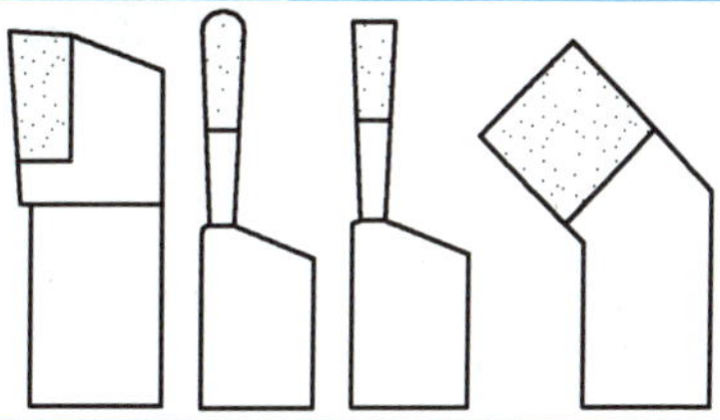
加工方案	装夹工件一端→车端面→粗、精车ϕ48外圆、与圆锥大端ϕ40直径→车锥面→倒角→调头装夹，控制总长→车成型体ϕ35外圆，留0.2 mm余量→切槽，控制形体长度L→车成型面→倒角	
切削用量的选用	1) 本例工件分粗、精加工，留精加工余量为0.8 mm左右。 2) 粗加工时，f = 0.25 mm/s；精加工时，f = 0.12 mm/s。 3) 外圆粗加工与切槽时，n = 480 r/min；精车外圆时，n = 800 r/min	

三、零件加工

刀具、量具、工具及毛坯规格见表表 8-2。

▼表 8-2　刀具、量具、工具及毛坯规格

项目	规格
刀具	45°、90°外圆车刀、4mm 宽度切槽刀、圆头车刀
量具	游标卡尺（0~150mm）、外径千分尺（0~25mm、25~50mm）
工具	卡盘扳手、刀架扳手、垫片等
毛坯	$\phi 50\times 125$mm

零件加工步骤见表 8-3。

▼表 8-3　零件加工步骤

序号	步骤	加工内容	加工示意图
1	装夹工件	装夹工件，保证伸出长度大于 85 mm，找正加紧	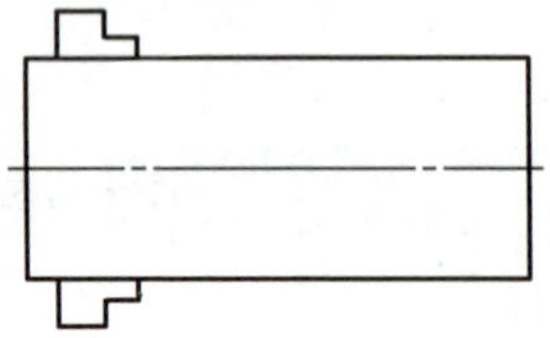
2	车端面	用 90°外圆车刀车端面（端面加工余量为 0.5 mm 左右）	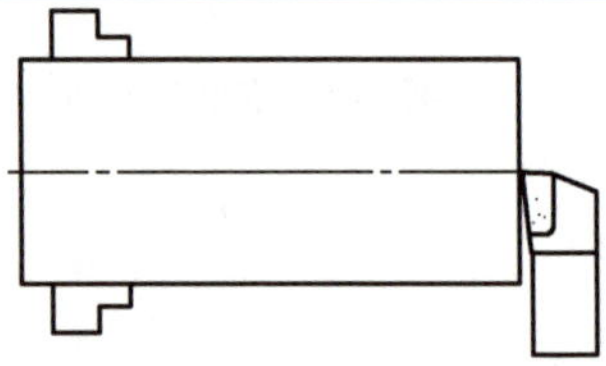
3	车外圆	粗、精车 $\phi 48$ 外圆与圆锥大端 $\phi 40$ 至要求尺寸	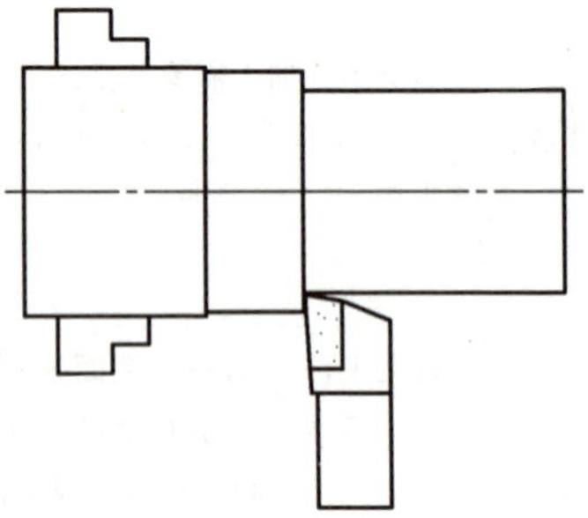
4	车锥面	车锥面至图样要求	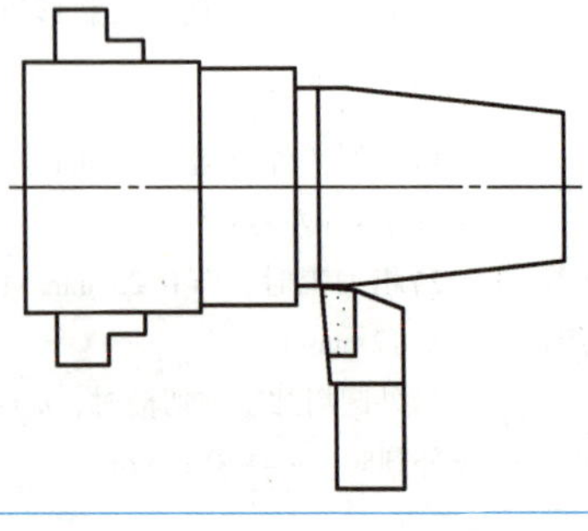

续表

序号	步骤	加工内容	加工示意图
5	倒角	用45°车刀倒角 C1（两处）	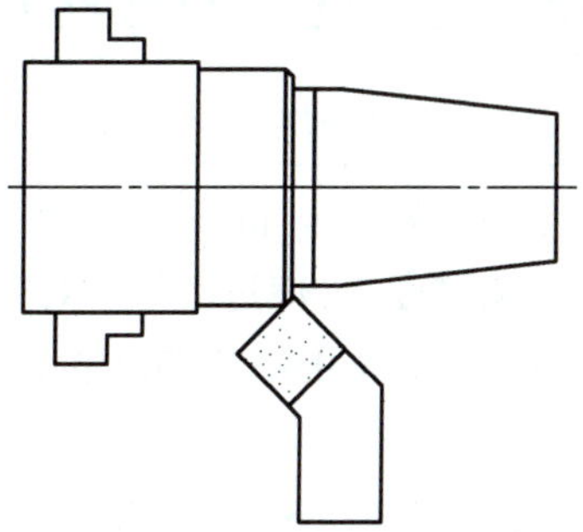
6	调头	工件调头装夹，保证伸出长度	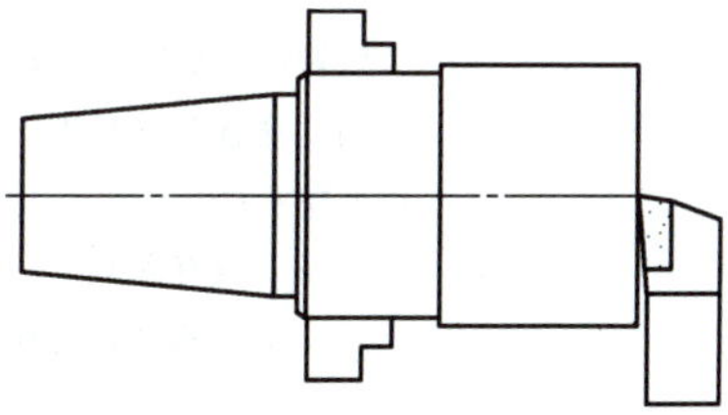
7	控制形体长度 L	粗车球形直径，留加工余量 0.2 mm，用切槽刀切槽，控制形体长度 L 至尺寸要求	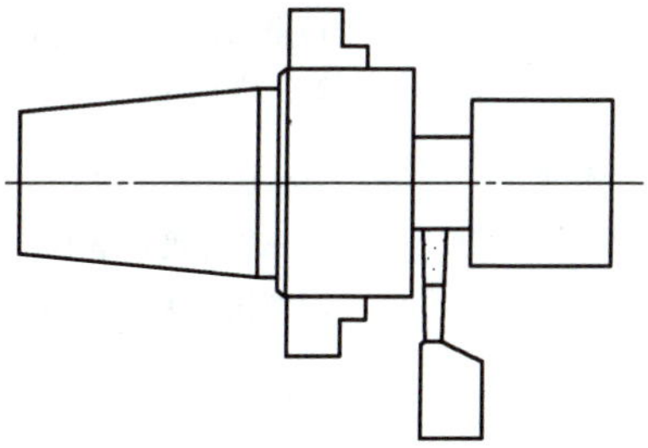
8	车成型面	用圆头刀车球面至图样要求	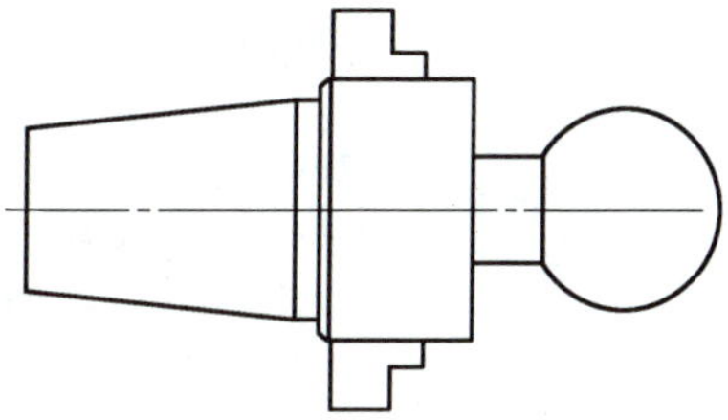
9	倒角	用45°车刀倒角 C1（一处）	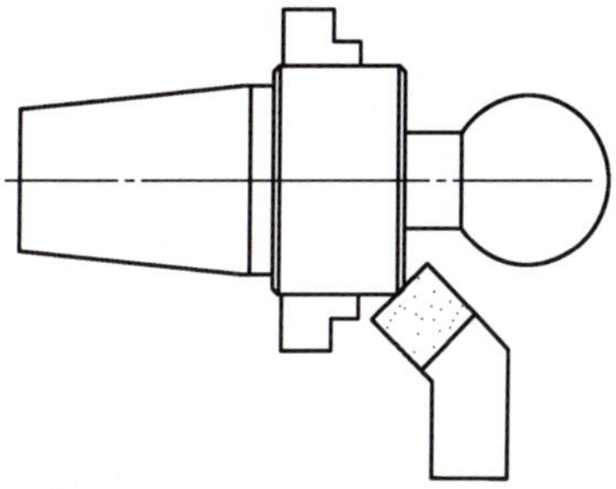

四、零件检测与质量分析

1. 锥面车削质量分析

加工内、外圆锥面时，会产生很多质量问题，如锥度（角度）或尺寸不正确、双曲线误差、表面粗糙度 Ra 值过大等。对于所产生的缺陷必须根据具体情况进行仔细分析，找出原因，并采用相应的措施加以解决。主要的质量问题产生原因及预防方法见表8-4。

▼表8-4 锥面质量分析

问题	原因	预防方法
锥度 （角度不正确）	用转动小滑板法车削时： 1) 小滑板转动角度计算差错或小滑板角度调整不当。 2) 车刀没有固紧。 3) 小滑板移动时松紧不均	1) 仔细计算小滑板应转动的角度、方向，反复试车校正。 2) 紧固车刀。 3) 调整镶条间隙，使小滑板移动均匀
	用偏移尾座法车削时： 1) 尾座偏移位置不正确。 2) 工件长度不一致	1) 重新计算和调整尾座偏移量。 2) 若工件数量较多，其长度必须一致，或两端中心孔深度一致
	用仿形法车削时： 1) 靠模角度调整不正确。 2) 滑块与锥度靠模配合不良	1) 重新调整锥度靠模角度。 2) 调整滑块和锥度靠模之间间隙
	用宽刃刀法车削时： 1) 装刀不正确。 2) 切削刀不直。 3) 刃倾角不为0°	1) 调整切削刃的角度和对准中心。 2) 修磨切削刃的直线度。 3) 重磨刃倾角，使 $\lambda_s = 0$
	铰内圆锥时： 1) 铰刀锥度不正确。 2) 所铰轴线与主轴轴线不重合	1) 修磨铰刀。 2) 用百分表和试棒调整尾座套
大小端尺寸不正确	1) 未经常测量大小端直径。 2) 控制刀具进给错误	1) 经常测量大小端直径。 2) 及时测量，用计算法或移动床鞍法控制背吃刀量 a_p
双曲线误差	车刀刀尖未对准工件轴线	车刀刀尖必须严格对准工件轴线
表面粗糙度达不到要求	1) 切削用量选择不当。 2) 手动进给错误。 3) 车刀角度不正确，刀尖不锋利。 4) 小滑板镶条间隙不当。 5) 未留足精车或铰车余量	1) 正确选择切削用量。 2) 手动进给要均匀，快慢一致。 3) 刃磨车刀，角度要正确，刀尖要锋利。 4) 调整小滑板镶条间隙。 5) 要留有适当的精车或铰削余量

2. 成型面车削质量分析

车削成型面比车削圆锥面更容易出现质量问题，其质量问题产生原因及预防措施见表8-5。

▼表8-5 成型面车削质量分析

问题	原因	预防方法
成型面轮廓不正确	用双手控制法车削时，纵横向进给不协调	加强车削练习，使左右手的纵横向进给配合协调
	用成型法车削时，成型刀形状刃磨得不正确；没有对准车床主轴轴线，工件受切削力产生变形而造成误差	仔细刃磨成型刀，车刀高度装夹准确，适当减小进给量
	用仿形法车削时，靠模形状不准确，安装得不正确或仿形传动机构中存在间隙	使靠模形状准确，调整仿形传动机构中的间隙，使车削均匀
表面粗糙度达不到要求	材料切削性能差，未经预备热处理，车削困难	对工件进行预备热处理，改善切削性能
	产生积屑瘤	控制积屑瘤的切削速度，尤其是避开产生积屑瘤的切削速度
	切削液选用不当	正确选用切削液
	车削痕迹较深，抛光未达到要求	先用锉刀粗、精锉削，再用砂布抛光

五、任务评价

任务评价表见表8-6。

▼表8-6 任务评价表

序号	考核项目	考核内容及要求	配分	评分标准	检测结果	得分
1	外径	$\phi 48_{-0.03}^{0}$	5	超差不得分		
2	长度	91 ± 0.1	5	超差不得分		
3	圆锥部分	$\phi 40_{-0.03}^{0}$	5	超差不得分		
		56 ± 0.1	5	超差不得分		
		$6_{-0.1}^{0}$	5	超差不得分		
		$1:5$	20	超差不得分		
4	成形体部分	$\phi 20_{-0.1}^{0}$	4	超差不得分		
		$10_{-0.1}^{0}$	10	超差不得分		
		$S\phi 35$	20	根据情况酌情扣分		
5	倒角	$C1$	2×3	超差不得分		
6	表面粗糙度	$Ra1.6\ \mu m$	5×3	超差不得分		

任务二　加工定套

加工图 8-2 所示的固定套。

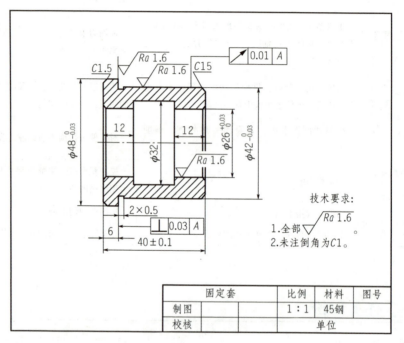

▲图 8-2　固定套零件图

一、图样识读

1. 读标题栏
了解零件名称、材料、比例、图号等。

2. 分析视图
该零件图只有一个基本视图——主视图，轴线水平放置，能很清楚地表达零件的形状和结构。

3. 分析尺寸
从图 8-2 中可以看出，外圆对内孔轴线的径向圆跳动为 0.01 mm，ϕ48 右端面对内孔轴线垂直度允差为 0.03 mm。因此，精车外圆以及车 ϕ48 右端面时，应以内孔为定位基准。

图 8-2 中标有尺寸公差的尺寸都是重要尺寸。表面粗糙度要求较高,为 $Ra1.6\ \mu m$。

4. 看技术要求

了解零件热处理要求、配合要求、未注公差、倒角要求、去毛刺及倒钝要求等。

二、工艺分析

零件的加工工艺分析见表 8-7。

▼表 8-7 零件的加工工艺分析

项目内容	内容分析说明	图示
设备选择	零件加工设备选用 CA6140 型卧式车床	
刀具的选择	本例零件加工需要 4 把车刀,即 90°外圆车刀、45°弯头车刀、刀头为 2 mm 的切槽刀、内孔车刀、内沟槽刀	
加工方案	装夹工件一端,伸出长度大于 45 mm→车端面→粗车 φ48×45 mm、φ42×34 mm,留 0.2 mm 余量→钻孔 φ24×45 mm→粗车内孔 φ26,留 0.2 mm 余量→车内沟槽 φ32×16 mm→精车内孔至尺寸→精车 φ42 至尺寸→车外沟槽 2 mm×0.5 mm→倒角→切断,保证总长大于 40 mm→调头开口套,装夹 φ42 处→车 φ48 端面,保证总长 40 mm→倒角	
切削用量的选用	1) 本例工件分粗、精加工,留精加工余量 0.2 mm 左右。 2) 粗加工时 f = 0.25 mm/s;精加工时, f = 0.12 mm/s。 3) 钻孔时, n = 180 r/min;外圆、内孔粗加工与切槽时, n = 480 r/min;精车外圆、内孔时, n = 800 r/min	

三、零件加工

刀具、量具、工具及毛坯规格见表表8-8。

▼表8-8 刀具、量具、工具及毛坯规格

项目	规　　格
刀具	90°外圆车刀、45°弯头车刀、2mm宽切槽刀、内孔车刀、内沟槽刀
量具	游标卡尺(0～150mm)、外径千分尺(0～25mm、25～50mm)、内径百分表(18～35mm)
工具	卡盘扳手、刀架扳手、垫片等
毛坯	ϕ50×75mm

零件加工步骤见表8-9。

▼表8-9 零件加工步骤

序号	步骤	加工内容	加工示意图
1	装夹工件	装夹工件，保证伸出长度大于45 mm，找正加紧	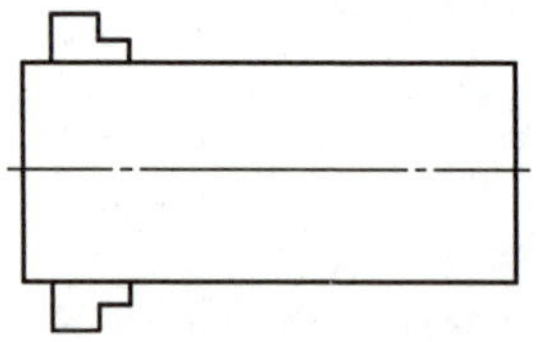
2	车端面	用90°外圆车刀车端面	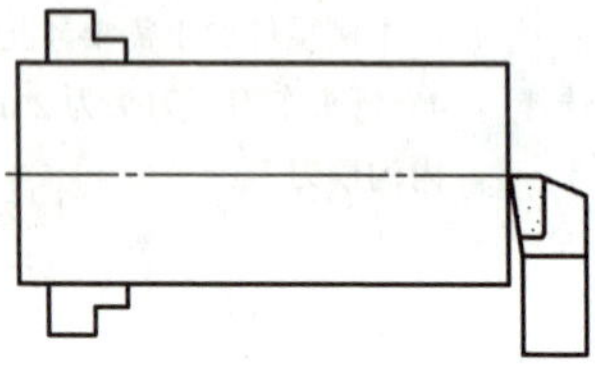
3	车外圆	粗车ϕ48×45 mm、ϕ42×34 mm	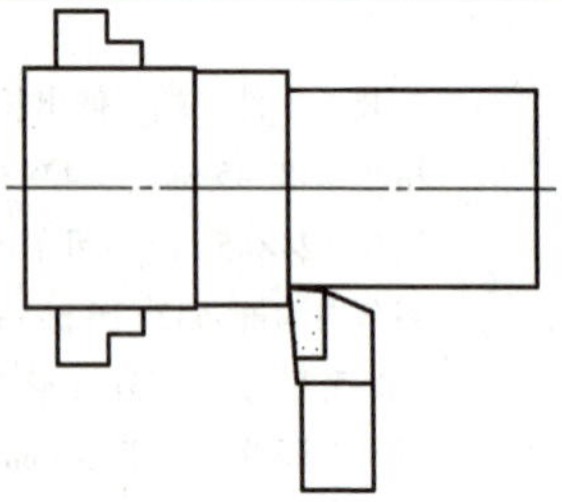
4	钻孔	用ϕ24麻花钻钻孔，钻孔深度大于40 mm	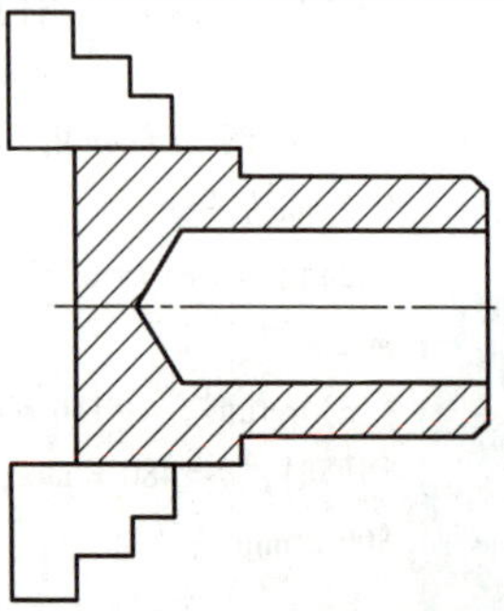

续表

序号	步骤	加工内容	加工示意图
5	粗车孔	粗车 $\phi24\times40$ mm，留 0.2 mm 余量	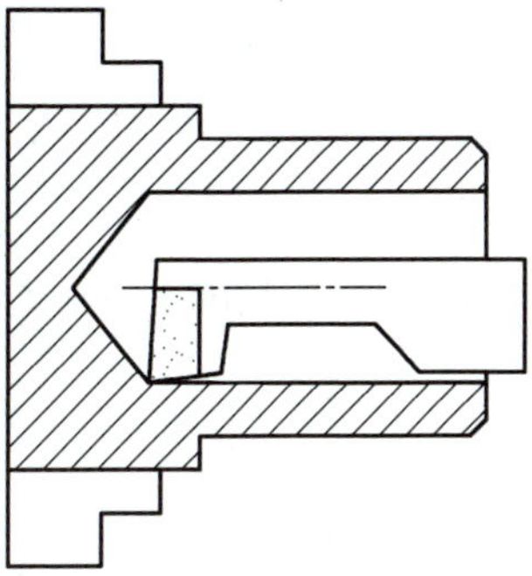
6	车内沟槽	车内沟槽 $\phi32$，保证 12 mm、16 mm	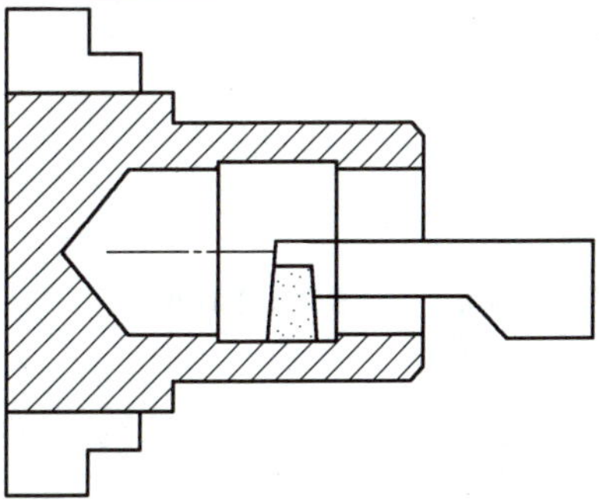
7	精车内孔	精车内孔至尺寸 $\phi26H7$	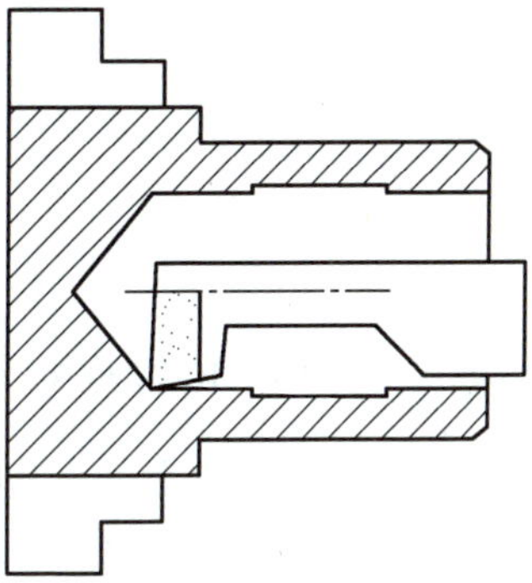
8	精车外圆	精车外圆 $\phi42$ 至要求尺寸	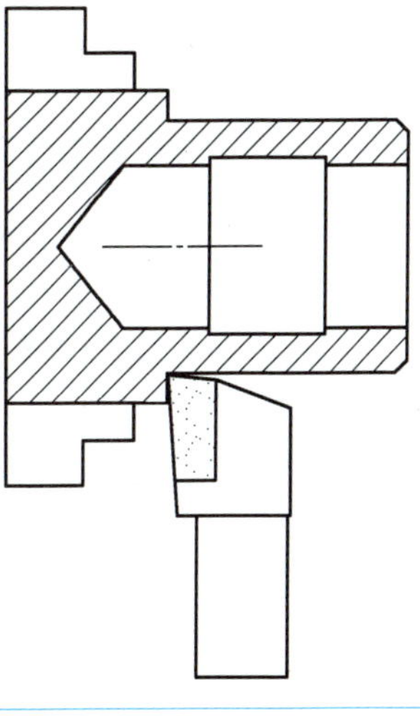

续表

序号	步骤	加工内容	加工示意图
9	车外沟槽	车外沟槽 2 mm×0.5 mm	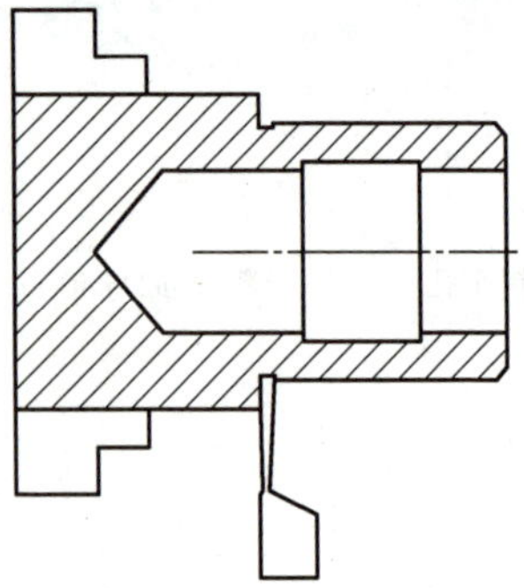
10	倒角	根据图样倒角	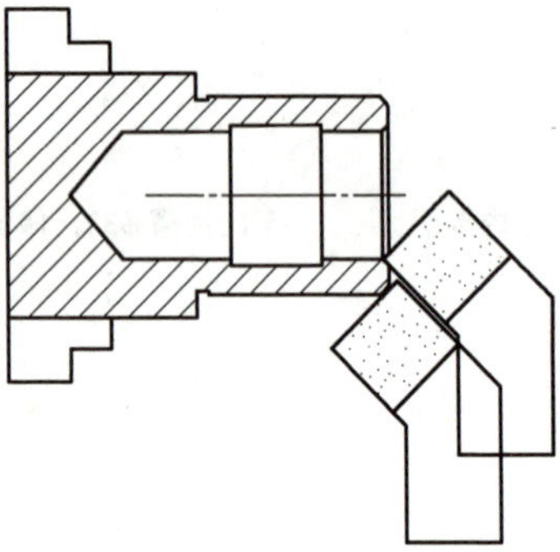
11	切断	切断，保证总长大于 40 mm	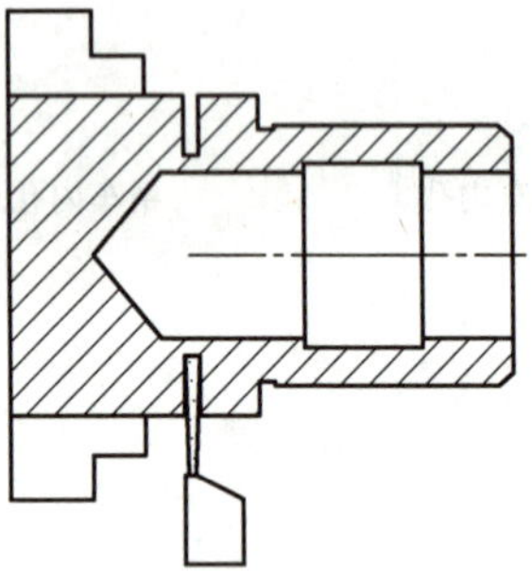
12	车总长	调头开口套，装夹 ϕ42 处，车 ϕ48 端面，保证总长 40 mm	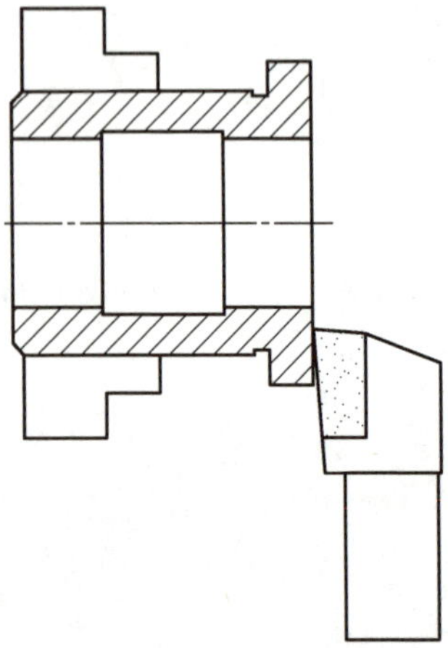

续表

序号	步骤	加工内容	加工示意图
13	倒角	用45°车刀倒角 $C1$	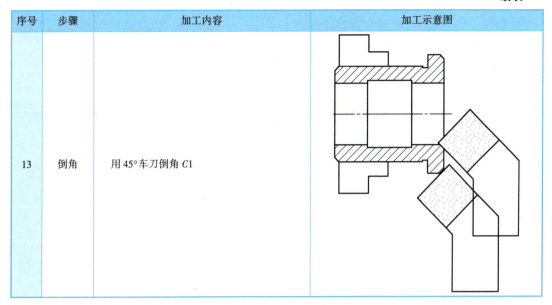

四、零件检测与质量分析

零件检测与质量分析见表8-10。

▼表8-10 零件检测与质量分析

问题	原因	预防方法
尺寸不对	1）测量不正确。 2）车刀装夹不对，刀柄与孔壁相碰。 3）产生积屑瘤，增加刀尖长度，使孔车大工件	1）仔细测量。 2）选择合理的刀柄直径，最好在未开车前，先把车刀在孔内走一遍，检查是否会相碰。 3）研磨前面，使用切削液，增大前角，选择合理的切削速度。 4）最好使工件冷下后再精车，加切削液
内孔有锥度	1）刀具磨损。 2）刀柄刚性差，产生"让刀"现象。 3）主轴回转轴线与导轨不平行	1）换刀头。 2）尽量采用大尺寸的刀柄，减小切削用量。 3）检查、调整车床，恢复导轨与主轴的平行精度
内孔不圆	1）壁薄，装夹时产生变形。 2）轴承间隙太大，主轴颈呈椭圆。 3）工件硬度不均匀，内孔余量不一致	1）选择合理的装夹方法。 2）调整主轴间隙。 3）工件分粗车、精车
内孔不光	1）主轴转速过低。 2）车刀磨损。 3）刀尖低于工件中心。 4）进给量过大。 5）精加工余量不足。 6）刀柄细长，产生振动	1）调高主轴转速。 2）换刀头。 3）精车装刀时可略高于工件中心。 4）选择合适的进给量。 5）留足精加工余量。 6）加粗刀柄和降低切削速度

五、任务评价

任务评价表见表 8-11。

▼表 8-11 任务评价表

序号	考核项目	考核内容及要求	配分	评分标准	检测结果	得分
1	外形尺寸	$\phi48_{-0.03}^{0}$	11	超差不得分		
2		$\phi42_{-0.03}^{0}$	11	超差不得分		
3		$\phi26_{0}^{+0.03}$	11	超差不得分		
4		6	8	超差不得分		
5		12	3	超差不得分		
6		12	3	超差不得分		
7		40±0.1	8	超差不得分		
8	槽	2×0.5	5	超差不得分		
9	倒角	1.5×45°、去锐	2×2	不符合要求不得分		
10	表面粗糙度	$Ra1.6\ \mu m$	5	不符合要求不得分		
11	几何公差	垂直度 0.03	4	超差不得分		
12		圆跳动 0.01	5	超差不得分		
13	倒角	各锐边无毛刺	4	不符合要求不得分		
14	文明加工	正确、规范使用工具、量具、刀具，合理保养及维护工具、量具、刀具	10	不符合要求酌情扣1~10分		
		正确、规范使用设备，合理保养及维护设备		不符合要求酌情扣1~5分		
		操作姿势、动作正确		不符合要求酌情扣1~5分		
15	职业素养	安全文明生产，符合国家颁发的有关法规或企业自定的有关规定	8	一处不符合要求扣2分，发生较大事故者取消考试资格		
		操作、工艺规程正确		一处不符合要求扣2分		
		试件局部无缺陷		不符合要求从总分中扣1~8分		

任务三 加工梯形螺纹丝杠

加工图 8-3 所示的梯形螺纹丝杠。

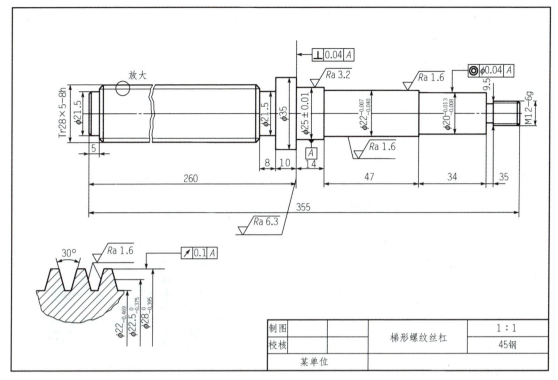

▲ 图 8-3 梯形螺纹丝杠

一、图样识读

1. 读标题栏

了解零件名称、材料、比例、图号等。

2. 分析视图

了解零件视图表达方式,模拟想象零件的整体结构和形状。

3. 分析尺寸

从图 8-3 中可以看出,不同直径处的直径尺寸,均以轴心为标注尺寸的基准;长度方向上以轴左端面为主要尺寸基准,以阶梯轴的台阶面为辅助尺寸基准,对加工、测量都比较方便。

左端为 Tr28×5-8h 的梯形螺纹,右端为台阶轴、M12-6g 三角螺纹,圆的直径分别为 $\phi 35$、$\phi 25$、$\phi 22$、$\phi 20$。

从图 8-3 中可以看出,外圆 $\phi 25$ 对 $\phi 35$ 右端面垂直度为 0.04 mm,此外 $\phi 20$ 外圆对 $\phi 25$ 同轴度允差为 0.04 mm。因此,精车外圆以及车 $\phi 35$ 右端面时,应以右端中心孔为定位基准。

图 8-3 中标有尺寸公差的尺寸都是重要尺寸。图中的公差为 GB/T 1804-M。表面粗糙

度要求较高，为 $Ra1.6\ \mu m$、$Ra3.2\ \mu m$。

4. 看技术要求

了解零件热处理要求、配合要求、未注倒角要求、去毛刺及倒钝要求等。

二、工艺分析

零件的加工工艺分析见表 8-12。

▼表 8-12　零件的加工工艺分析

项目内容	内容分析说明	图示
设备选择	零件加工设备选用 CA6140 型卧式车床	
刀具的选择	本例零件加工需要 4 把车刀，即 90°外圆车刀、45°弯头车刀、刀头为 4mm 的切槽刀	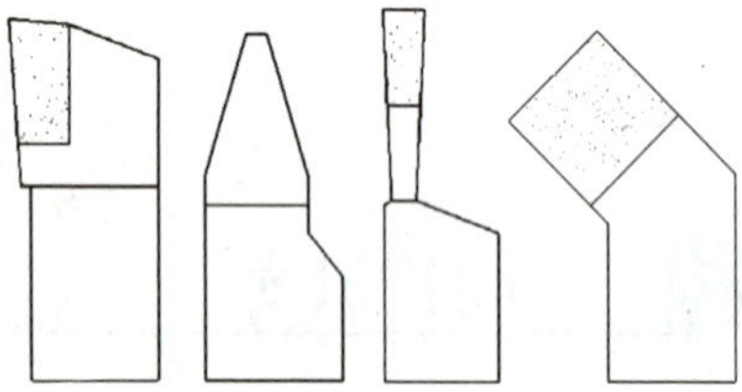
加工方案	装夹工件一端→车端面→钻中心孔→调头装夹，车总长 355 mm→钻中心孔→一夹一顶粗车 φ35、φ25.5、φ22.5、φ20.5、φ12.5→调头装夹 φ12 顶中心孔→粗车 φ28.5、φ22→精车各外圆→切槽→倒角→调头装夹，精车尺寸→车 M12-6g 螺纹→调头，以 φ25 外圆和中心孔定位→粗、精车梯形螺纹→检验	
切削用量的选用	1) 本例工件分粗、精加工，留精加工余量 0.5 mm 左右。 2) 粗加工时，$f=0.25$ mm/s；精加工时，$f=0.12$ mm/s。粗车时，$v_c=70$ mm/min；精车时，$v_c=100$ mm/min。 3) 车螺纹 8~20 mm/min	

三、零件加工

刀具、量具、工具及毛坯规格见表表8-13。

▼表8-13 刀具、量具、工具及毛坯规格

项目	规　格
刀具	90°外圆车刀、45°弯头车刀、4mm宽切槽刀、三角螺纹车刀、梯形螺纹车刀
量具	游标卡尺（0~150mm、0~500mm），外径千分尺（0~25mm、25~50mm）、M12螺纹环规、公法线千分尺（25~50mm）
工具	卡盘扳手、刀架扳手、垫片等
毛坯	$\phi40\times360$mm

零件加工步骤见表8-14。

▼表8-14 零件加工步骤

序号	步骤	加工内容	加工示意图
1	车工艺台	粗车各外圆，将毛坯料装夹在三爪卡盘中，用45°偏刀车平端面和车圆一段（约长10 mm）外圆，钻中心孔	
2	调头去总长	把工件卸下调头，装夹在卡盘中，车端面使工件总长为355 mm，再钻中心孔	
3	粗车外圆	用90°偏刀先从$\phi35$外圆车开始，粗车工件右端各外圆，留1~1.5 mm余量	
4	调头粗车	把工件卸下调头，用卡盘装夹在粗车后$\phi12$外圆上，右端用顶尖顶好。最后用90°偏刀粗车（$\phi28$外圆和$\phi21.5$外圆，留余量1~1.5 mm）	
5	精车外圆	在原来的装夹情况下，用90°偏刀依次精车$\phi35$、$\phi28$和$\phi21.5$这3个外圆至要求尺寸	

续表

序号	步骤	加工内容	加工示意图
6	切槽	车 $\phi 21.5 \times 8$ mm 槽	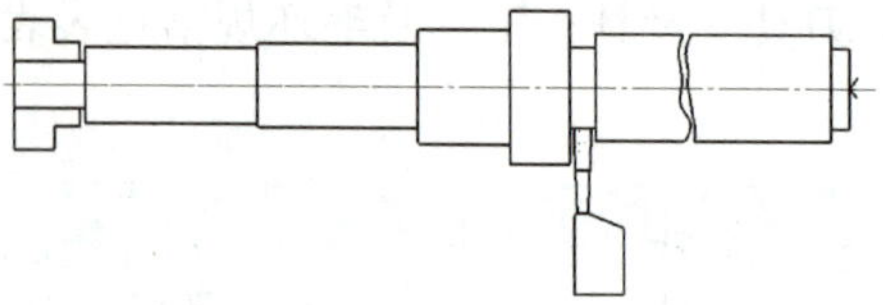
7	倒角	倒各角（未注倒角为 $C0.5$）	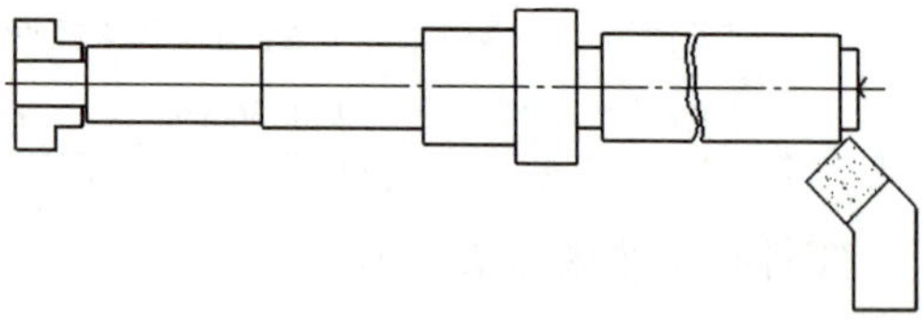
8	调头装夹，精车尺寸	将工件卸调头，以 $\phi 28$ 外圆和右端中心孔定位，装夹在卡盘和顶尖上，用 90° 偏刀从 $\phi 25 \pm 0.01$ mm 外圆依次向右精车各外圆至要求后，车槽和各倒角	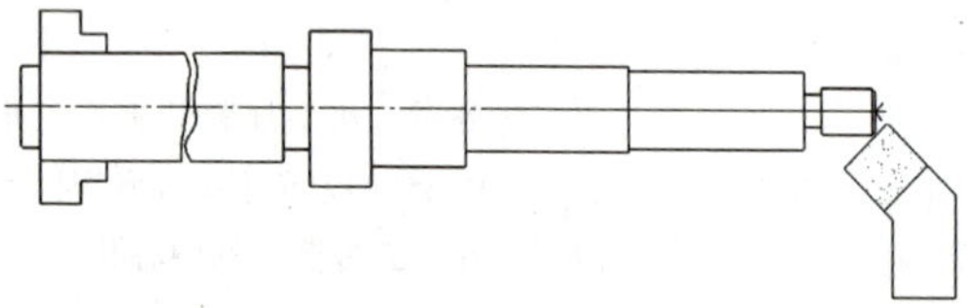
9	车三角螺纹	车 M12-6g 螺纹至要求尺寸	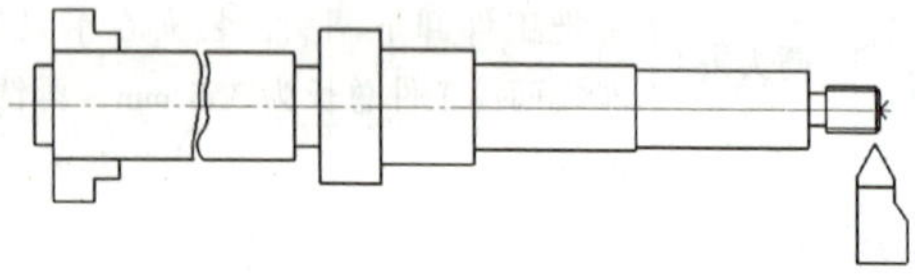
10	车梯形螺纹	把工件卸下调头，以 $\phi 20$ 外圆和中心孔定位，安装在卡盘和顶尖上。装上梯形螺纹粗车刀头，以 $v_c = 10 \sim 15$ m/min、$a_p = 0.3 \sim 0.5$ mm 的切削用量，采用左右赶刀法对螺纹进行粗车，齿厚和小径留 $0.15 \sim 0.2$ mm 的精车余量。换上精车梯形螺纹刀头，以 $v_c = 8 \sim 12$ m/min 的切削速度，先精车螺纹小径至要求，再半精车牙型面，留些许余量。再以 $n = 14 \sim 20$ r/min 的转速精车左、右两牙型面至要求尺寸	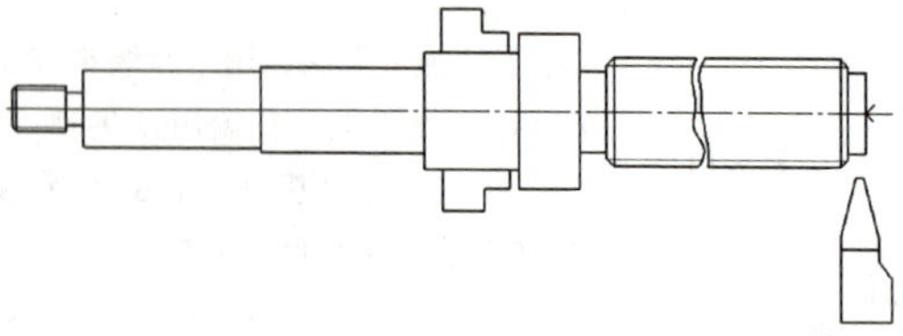

四、零件检测与质量分析

零件检测与质量分析见表 8-15。

▼表 8-15　零件检测与质量分析

问题	原因	预防方法
中径不正确	1) 车刀切削深度不正确，以顶径为基准控制切削深度，忽略了顶径误差的影响。 2) 刻度盘使用不当	1) 经常测量中径尺寸，应考虑顶径的影响，调整切削深度。 2) 正确使用刻度盘
螺距(导程)不正确	1) 交换齿轮计算或组装错误，进给箱溜板箱有关手柄位置错误。 2) 局部螺纹不正确，车床丝杠和主轴的窜动过大，溜板箱手轮转动不平衡。开合螺母间隙过大。 3) 车削过程开合螺母自动抬起	1) 在工件上先车一条很浅的螺旋线，测量螺距(导程)是否正确。 2) 调整好主轴和丝杠的轴向窜动量及开合螺母间隙，将溜板拉出使之与传动轴脱开，使床鞍均匀运动。 3) 调整开合螺母镶条，适当减小间隙，控制开合螺母传动时抬起，或用重物挂在开合螺母手柄上防止其中途抬起
牙型不正确	1) 车刀刀尖刃磨不正确。 2) 车刀安装不正确。 3) 车刀磨损	1) 正确刃磨和测量车刀刀尖角度。 2) 装刀时用样板对刀。 3) 合理选择切削用量，及时刃磨车刀
表面粗糙度值大	1) 刀尖产生积屑瘤。 2) 刀柄刚性不够，切削时产生振动。 3) 车刀径向前角太大，中滑板丝杠螺母间隙过大，产生扎刀。 4) 高速切削深度时，切削厚度太小或切屑向倾斜方向排出，拉毛已加工表面。 5) 工件刚性差，而切削量过大。 6) 车刀表面粗糙	1) 用高速钢车刀切削时应降低切削速度，并正确选择切削液。 2) 增加刀柄截面，并减小刀柄伸出长度。 3) 减小车刀径向前角，调整中滑板丝杠螺母间隙。 4) 高速钢切削螺纹时，最后一刀的切削厚度一般要大于 0.1 mm，并使切屑沿垂直轴线方向排出。 5) 选择合理的切削用量。 6) 刀具切削刃口的表面粗糙度应比零件加工表面粗糙度值小 2~3 档次
乱牙	工件的转数不是丝杠转数的整数倍	1) 当第一次行程结束后，不提起开合螺母，将车刀退出后，开倒车使车刀沿纵向退回，再进行第二次行程车削，如此反复至将螺纹车好。 2) 当进刀纵向行程完成后，提起开合螺母脱离传动链退回刀尖位置产生位移，应重新对刀

五、任务评价

任务评价表见表8-16。

刘湘宾：数控铣工"亮剑"

▼表8-16　任务评价表

序号	考核项目	考核内容及要求	配分	评分标准	检测结果	得分
1	外形尺寸	$\phi 25 \pm 0.01$	4	超差不得分		
2		$C22_{-0.04}^{-0.007}$	4	超差不得分		
3		$\phi 20_{-0.03}^{-0.013}$	4	超差不得分		
4		$\phi 21.5$（两处）	8	超差不得分		
5		$\phi 35$	4	超差不得分		
6		$\phi 9.5$	6	超差不得分		
7		355	4	超差不得分		
8		$C1$（两处）	2	一处超差扣1分		
9	梯形螺纹	大径 $\phi 28_{-0.395}^{0}$	5	超差不得分		
10		中径 $\phi 22.5_{-0.375}^{0}$	5	超差不得分		
11		小径	5	超差不得分		
12		表面粗糙度	4	一处降一级扣一分		
13	三角螺纹	综合测量	4	超差不得分		
14	几何公差	垂直度 0.04	4	一处超差扣1分		
15		同轴度 0.04	4	超差不得分		
16	表面粗糙度	$Ra3.2\ \mu m$	4	超差不得分		
17		表面粗糙度 $Ra1.6\ \mu m$（四处）	8	一处不符合要求扣2分		
18	倒角	各锐边无毛刺	4	不符合要求不得分		
19	职业素养	正确、规范使用工具、量具、刀具，合理保养及维护工具、量具、刀具	10	不符合要求酌情扣1~10分		
20		正确、规范使用设备，合理保养及维护设备		不符合要求酌情扣1~5分		
21		操作姿势、动作正确		不符合要求酌情扣1~5分		
22		安全文明生产，符合国家颁发的有关法规或企业自定的有关规定	8	一处不符合要求扣2分，发生较大事故者取消考试资格		
23		操作、工艺规程正确		一处不符合要求扣2分		
24		试件局部无缺陷		不符合要求从总分中扣1~8分		
合计						

参 考 文 献

[1] 陈海滨，李菲飞. 车工工艺与技能训练[M]. 南京：江苏凤凰教育出版社. 2017.
[2] 袁桂萍. 车工工艺与技能训练[M]. 北京：中国劳动社会保障出版社. 2007.
[3] 机械工业职业技能鉴定中心. 车工技能鉴定考核试题库[M]. 北京：机械工业出版社. 2006.
[4] 朱荣锋，韩勇娜，李俊. 车工项目训练教程[M]. 北京：高等教育出版社. 2011.
[5] 漆向军，胡谨. 车工工艺与技能训练[M]. 北京：人民邮电出版社. 2009.